1

INVOLUCIÓN
-VOLÚMEN I-

LAS LÍNEAS DE NAZCA, EL MAYOR PLANO DE COORDENADAS DEL MUNDO

CARLOS HERMIDA

Colección: Saga INVOLUCIÓN, Carlos Hermida
Director de edición: Carlos Hermida
Coordinación: Carlos Hermida y Encarnación Hermida
Diseño de cubierta: Carlos Hermida
Colaboración en la elaboración del texto: Encarnación Hermida

ISBN OC: 978-84-686-0646-0
ISBN Vol I: 978-84-686-0647-7
ISBN Ebook: 978-84-686-0648-4
ISBN Epub: 978-84-686-0649-1

A los creadores del mayor diseño que haya existido jamás, nuestros antepasados.

ÍNDICE DE CAPÍTULOS

INTRODUCCIÓN..Pág. 9

CAPÍTULO I_SALIENDO DEL OLVIDO.........................Pág. 11

CAPÍTULO II_RECOBRAR LA MEMORIA....................Pág. 22

CAPÍTULO III_ VIAJE REDENTOR...........................Pág. 38

CAPÍTULO IV_ LOS HOMBRES DEL CIELO.................Pág. 52

CAPÍTULO V_ ARROPADOS POR LA SELVA...............Pág. 75

CAPÍTULO VI_COMPRENDIENDO EL MENSAJE............Pág. 86

CAPÍTULO VII_COBRANDO EL SENTIDO....................Pág. 98

CAPÍTULO VIII_EL GIGANTE DURMIENTE.................Pág. 103

CAPÍTULO IX_COGIENDO LAS RIENDAS...................Pág. 113

CAPÍTULO X_LA CARTA DEL «YO».......................…..……Pág. 122

CAPÍTULO XI_LA CLASE DE NAZCA.........................…..Pág. 126

CAPÍTULO XII_DIFERENTES PUNTOS DE VISTA............Pág. 141

CAPÍTULO XIII_DIFERENTES CAPAS, ELEMENTOS...........Pág. 146

CAPÍTULO XIV_LO QUE NOS QUIERAN CONTAR...........Pág. 152

CAPÍTULO XV_DEMASIADO INMENSO, COMPLEJO.......Pág. 183

CAPÍTULO XVI_TODO TIENE UN SENTIDO.................Pág. 197

CAPÍTULO XVII_EL OJO DEL CÓNDOR.......................Pág. 210

CAPÍTULO XVIII_CARA A CARA CON EL PASADO........Pág. 222

CAPÍTILO XIX_LA PRUEBA DE FUEGO.......................Pág. 229

CAPÍTULO XX_EN LA RAMPA DE SALIDA.................…..……Pág. 235

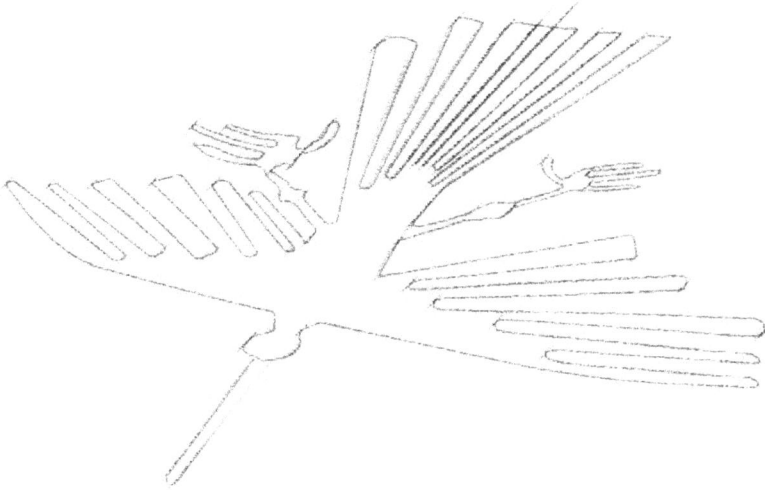

INTRODUCCIÓN

Señor lector, bienvenido. Antes de comenzar este libro, antes incluso de leer los párrafos siguientes, le advierto de que esta obra y las que le siguen son una puerta, una puerta que sólo usted puede decidir cruzar.

Posee ahora una llave que le abrirá la entrada hacia otros mundos, una llave que tiene el poder de abrir en su interior una fiebre desatada de sed de conocimiento sin límites.

Prepárese, porque si decide cruzarla comenzará un viaje sin retorno del cual no volverá jamás, ya que el saber, el conocimiento que recibirá, le abrirá los ojos a un nuevo mundo diferente al que está acostumbrado, un mundo que escapa a los límites de su imaginación, un mundo mágico e increíble.

9

Por eso ha de decidirse, porque para usted todo cambiará, ¡todo!

Con «todo», me refiero a su concepción sobre la realidad, la verdad, sobre usted mismo.

La decisión es sólo suya aunque, si me permite un consejo, ¡anímese! No tenga miedo a cruzarla pues la ignorancia siempre ha sido la tranquilidad de los necios, por eso no dude y dé el paso, le aseguro que lo que le enseñaré le cambiará para siempre pues suyos serán los ojos del que ha visto y regresa con un universo nuevo en su interior.

CARLOS HERMIDA

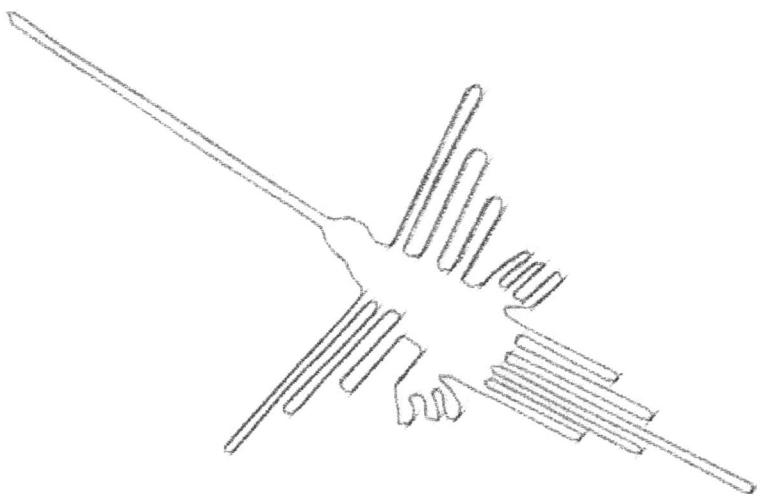

CAPÍTULO I

SALIENDO DEL OLVIDO

Si ha dado el paso, felicidades. Suyo será el don de ser consciente dentro de su propia existencia, de su verdadera realidad y no de otra, como hasta ahora ha creído tener.

Antes de partir, hemos de deshacernos de peso innecesario, así que primero ha de desprenderse de alguno de los lastres que le han inculcado durante toda su vida. Me refiero a los conocimientos preestablecidos, a los viejos dogmas sobre su propio pasado, conceptos pesados que sólo nos retrasarían allí a donde vamos —y se lo advierto— volaremos muy alto, por donde nunca nadie antes ha llegado. El único límite para nuestra velocidad serán sus propias ansias de saber.

¿Nervioso? Pues debería estarlo porque su mente entrará en un universo infinito donde será testigo del maravilloso sueño que es la historia. Pero ese valor que demuestra ahora y esa curiosidad, son precisamente la energía que le impulsará a dar los primeros pasos. La energía necesaria para despegar. Pero no será la única ya que como antes he comentado, surgirá en usted una sed diferente que hasta ahora no había experimentado jamás.

Comienza el camino, así que agárrese bien a su propia imaginación, no la suelte ya que a sus lomos nos disponemos a partir al más misterioso viaje en busca de su propia identidad.

¿Por qué su identidad? Por supuesto, he debido de prever que se haría esa pregunta, ¿qué tiene que ver usted con todo esto? Se lo explicaré pero no es sencillo:

Cree que lo sabe todo sobre su origen ¿de verdad piensa que lo sabe todo sobre su pasado, su verdadera historia? No, mi querido amigo, si me permite llamarlo así, las cosas, no son tan simples, no está aún claro, ni mucho menos, quién es usted, de dónde viene, cuáles y quiénes fueron sus verdaderos antepasados, sus padres.

Para eso viajaremos a los más recónditos lugares de nuestro planeta; para conocer sus verdaderos orígenes, los cuales, son celosamente guardados por una «anciana dama blanca», la eternidad. A ella acudiremos en busca de respuestas ocultas y quién sabe, quizás nos ayude.

Para llegar hasta ella y como imagen tangible de su propia imaginación he escogido la figura de un pequeño avión, una típica avioneta y le diré el porqué: representará en todo momento la fragilidad y la insignificancia de nuestra existencia frente a la inmensidad en la que estamos a punto de perdernos, el todo.

Emprendemos el viaje.

Es el momento. Nuestra nave sale ya. Su pequeño motor se ha encendido, las hélices giran, ya no hay vuelta atrás. Despegadas sus patas del suelo, aproveche si quiere a echar un vistazo hacia atrás, será la última vez que vea el mundo tal cual lo ve ahora.

Es momento de preguntas: ¿A dónde iremos? ¿Volveremos? Es hora de respuestas: a todas partes; nunca, al menos no como usted piensa.

Nuestro avión suena viejo y débil, como nuestra propia ignorancia. Pero eso va a cambiar, ya no volveremos jamás al punto de partida, ese oscuro mundo donde no queda claro ni quién es ni de dónde procede.

Comenzamos. Bajo las alas ya sólo vemos el océano eterno de nuestra mente, allá a lo lejos dejamos la prisión de lo establecido y nos adentramos en la inmensidad de lo desconocido.

Aún queda mucho para llegar a nuestro destino ¿cuál es? Bien, no es momento aún para contestar esa pregunta, tendrá que confiar en mí un poco más, tan sólo un poco. Tengo mucho que explicarle.

El sonido del avión se hace cada vez más potente. Aunque el día es despejado y el sol brilla, la brisa es demasiado fuerte. Probaré a elevarnos un poco, necesitaremos algo de calma.

Perfecto, un poco de tranquilidad y todo el tiempo del mundo serán necesarios para contarle el porqué de tantas cosas.

Si es tan amable, le agradecería se libere de su cinturón de seguridad y vaya por un termo de café que llevo detrás, ¿lo ha visto? ¡Ése! Sírvanos una buena taza caliente a cada uno, tan sólo cuide de no echármelo por encima con los vaivenes constantes de este cacharro.

La cabina del pájaro.

¿Sabe? A este viejo pájaro ya le tengo cariño. Lleva muchas aventuras sobre sus alas, demasiadas quizás, pero es seguro, no se preocupe por nada, este pequeñín ya ha demostrado ser todo un luchador indomable sobre innumerables tormentas. Es difícil de contar, pero tendremos un largo rato que procuraré aprovechar. Es complicado.

En primer lugar, no nos hemos presentado convenientemente. Mi nombre es Charlie, encantado, yo mismo seré quien le acompañe por los senderos del conocimiento, los intrincados puentes que unen los mundos de la mente y de ahí fuera.

Antes de subir le hablaba de conocer su propia identidad, es hora de entrar en materia. Le voy a hablar claro, para ciertas cosas es mejor andar sin tapujos.

El tema que vamos a tratar es de suma relevancia, tanta, que va más allá de nosotros, de usted, de mi y de la pequeña burbuja en la que estamos metidos, la sociedad. Quizás no se dé cuenta, pero nuestras vidas son un ínfimo grano de arena comparado con la historia del ser humano.

Nuestros «pequeños mundos»: nuestras pequeñas vidas con nuestros trabajos, familias, nuestra rutina; todo lo que conocemos y todo lo que creemos conocer, vive bajo algo más grande, sobre una historia más antigua, más importante.

Mientras usted duerme, mientras trabaja, en cada uno de los instantes de su vida, existen misterios en nuestro planeta que aún no han sido resueltos, misterios increíbles, misterios inmensos, misterios eternos.

El ser humano vive diariamente y es arropado cada noche por esos enigmas antiguos, en donde descansa inocente de su pasado.

El gran problema es nuestro propio engaño, el engaño para autoconvencernos, para negar lo evidente, para cerrar los ojos cuando algo no se comprende o va demasiado lejos para ser alcanzado.

Quizás piense que estoy loco y a lo mejor lleve razón, pero medítelo un poco. Existen miles de cosas en este mundo que quedan por explicar y a las que no se ha dado ni mucho menos una solución racional porque aparentemente no la tienen, son misterios, simplemente. Y sin embargo, ahí sigue rodando el mundo, con nuestra arrogante civilización actual, ignorante del gigante durmiente sobre el que descansa, el mismo pasado, su propio creador. Creador que sigue ahí, esperando para ser desenterrado de la tumba en la que lo sepultó el olvido.

¿De verdad piensa que esta civilización ha sido la primera, al menos, la primera interesante? ¿Evolucionada?

Bienvenido amigo una y mil veces porque aquí empieza lo increíble.

Por ahora tan sólo quiero situarlo. Es importante que entienda que este mundo está lleno de misterios, (es el primer paso para explorar la realidad). Misterios que veremos uno a uno, sin dejar de maravillarnos ni un momento. Por eso he escogido esta avioneta, nos permitirá viajar a todas partes, pero sobre todo, ver el mundo a escalas diferentes, cosa que en este libro, nos vendrá «de perlas».

Tendremos que hacerlo así porque sólo así se comprenden las cosas complejas, desde todos y cada uno de los puntos de vista.

Es tan sólo ahora cuando lo podremos hacer. El porqué de eso es muy sencillo: hemos madurado. Me explico: Como usted sabe, los orígenes de nuestra civilización se remontan a épocas tan tempranas como el 5.000 A.C. A los pueblos asirios, sumerios y babilonios, es de ahí desde donde se dice procede nuestra civilización. Tiempo después, se fueron descubriendo muchas más, como por ejemplo en el valle del Indo, donde se pueden apreciar culturas desde los 8.000 años atrás. Otro caso no menos temprano estaría en Goblequi Tepe, con una antigüedad incluso superior.

También sabemos de civilizaciones muy antiguas en tierras tan dispares como La India, China y la mismísima América, con el reciente ejemplo de Caral, superando los 5.000 años de antigüedad.

Todavía no ha llegado el momento de enumerarlas, más adelante iremos a visitarlas todas pero eso será después, ¿o quizás antes? No intente entenderlo, aún no se lo he contado todo.

La ciencia oficial hoy se aferra en encontrar un punto importante en la historia, una pequeña franja donde las civilizaciones del mundo fueron moldeándose, donde los núcleos urbanos comenzaron a extenderse y a crear algo que nosotros llamamos «cultura».

Como dije, no está claro, ni mucho menos, cuándo y de qué manera el ser humano constituyó la sociedad en la que vivimos.

Si bien podemos entender a las claras lo que significan los beneficios de compartir nuestras vidas cerca de los demás, los beneficios en cuanto a la seguridad que la manada ofrece, las ventajas que tienen las sociedades más complejas frente a las más simples y sobre todo, la gran ventaja del ser humano: el transmitir una información acumulada generación tras generación; no podemos asegurar a las claras cuándo se produjo ese cambio. Probablemente haya sido progresivo, paulatino y decisorio. Decisorio porque fue ése uno de los motivos principales de la desaparición del Neandertal, una superioridad social y táctica de nuestros antepasados frente a esta especie hermana con la misma o incluso mayor capacidad craneal. Y es que somos animales sociales, que dependemos de nuestra propia historia, de recuerdos para seguir manteniendo esa superioridad, una superioridad que hoy está a punto de perderse.

La historia para nosotros, los animales sociales, es algo sagrado, la base de nuestro poder, nuestro dominio.

Un grave problema surge cuando una civilización cambia de proceder, olvidándose de recordar lo pasado, de conservar lo aprendido, lo custodiado por sus propios ancestros.

Ahí radica el problema: cuando olvidamos, cuando soltamos nuestra mejor baza en el juego y la apartamos a un lado, cuando con nuestra soberbia pecamos cual adolescentes alocados desprovistos aún de un neo-córtex formado en su totalidad. Adolescentes borrachos de nuestro saber, de nuestro poder, adolescentes incrédulos que sólo creen lo que ven, o mejor dicho, lo que quieren creer.

Jóvenes caprichosos, inconscientes, creyéndose siempre poseedores del saber absoluto, pensando tener la «clave» para todas las respuestas.

Así es nuestra civilización actual, como un adolescente que no entiende el porqué de los consejos de sus padres, que no agradece ni respeta lo que le ha sido dado, su memoria histórica.

Recordarla es nuestro deber, porque recordarla es nuestro poder, frente a todo, frente al mundo, frente a la vacía y fría soledad en la que vivimos.

He ahí nuestra fuerza como ser viviente que somos en este universo, y es nuestra «gran baza» a la hora de sobrevivir frente a cualquier peligro.

Por eso estamos aquí usted y yo, para recordar, recordar nuestro pasado, porque será imprescindible si queremos entender el momento presente, la verdad sobre el tiempo en el que vivimos.

Pero para recordar, antes debemos visitar, entender y asimilar muchos lugares que nos han dejado nuestros padres, muchas épocas en las que vivieron, muchos de los factores externos a los que se enfrentaron, y muchos conceptos que serán nuevos para usted, pero que son los principios básicos para entender la evolución humana, su propia evolución.

Pero disculpe los desvaríos de un pobre piloto de la antigüedad, así es como me gusta llamar a los locos como yo que sondean la historia, y perdone si en ocasiones me pierdo, ya me irá conociendo, aunque eso, ya lo debería saber.

¿Cómo? Mi buen amigo, esa es una historia muy diferente, ¿de verdad no lo recuerda?

Y perdone mi maliciosa sonrisa, mi intención en ningún caso es reírme de usted, ni siquiera descolocarlo, todo tiene un porqué.

¿No me recuerda, de verdad no recuerda esta avioneta? ¿Sus abolladuras?, pues usted mismo estaba aquí cuando las sufrió, fue una noche de tormenta, pobrecilla, aguantó como una valiente.

¿Que si me burlo de usted? Se lo he dicho, esa no es mi intención, es totalmente normal que no se acuerde, que ni recuerde mi cara, ni «mi» o ,no sé si ya decir, «nuestro» avión, ni sus golpes ni rascazos, ni mis desvaríos, ni este café…, pero le aseguro que le encantaba con azúcar, como lo tomaba siempre.

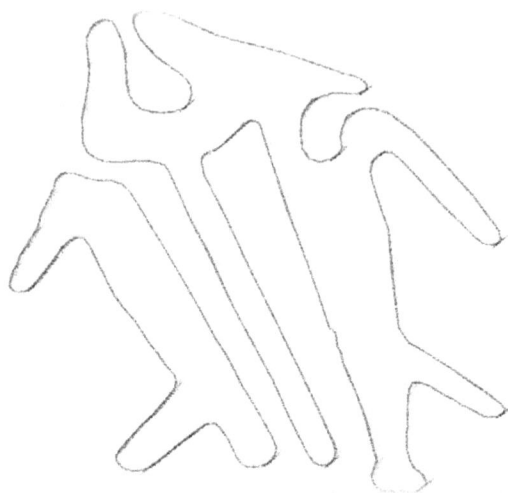

CAPITULO II

RECOBRAR LA MEMORIA

Usted lo ignora, pero ya nos conocemos, ese, ha sido un pequeño secreto que me he guardado desde el principio, ¿por qué? No lo sé, creo que he preferido decírselo ahora, sentados en el mismo avión donde tantas aventuras vivimos.

¿Que cómo es posible? Muy sencillo, porque estamos viviendo en otro tiempo diferente al comienzo de la obra, al comienzo de esta larga aventura. Un momento distinto, muy posterior al comienzo de nuestras aéreas andanzas, mi querido Sancho, así te llamaba cuando te ponías incrédulo, cuando no creías más allá de lo que veían tus ojos, de lo que entendía tu mente.

Yo te enseñé a comprender la verdad, o al menos una buena parte, te mostré medio mundo y juntos, pudimos visitar los más lejanos lugares de esta tierra en busca de viejas «maravillas».

Y perdona que te tutee, pero ya es momento de aclararte todo, te lo mereces ya que en más de una ocasión me salvaste el trasero, aunque ya no te acuerdes.

Todo este cambio en el tiempo es por una razón, puesto que en nuestra aventura original ya nos habíamos conocido. Sí, aunque te parezca extraño, innumerables kilómetros hemos volado juntos, con el fin de enseñarte las mil y una maravillas del pasado que tiene nuestro planeta.

Al principio, mi obsesión era ganar una apuesta a la que me habías desafiado en el bar donde nos conocimos; mi intención, demostrarte a todas luces que el ser humano del pasado fue tanto o más capaz de lo que lo es hoy.

Ese fue el plan, y así lo hicimos, ahí fue cuando compraste este avión, sí, es tuyo, puedes comprobar la documentación, pone "Sancho", —perdona—, es una broma de piloto histórico.

Fuimos por todas partes, empezando por la Gran Pirámide, en Egipto, pasando por Mesopotamia, India, China, hasta vimos las maravillas de Bosnia: increíble, qué bien lo pasamos allí.

Cruzamos el gran charco, y nos dirigimos hacia las zonas del oeste, la gran América, donde nos perdimos. Nos perdimos por lo inmenso, por lo misterioso, ya que en América se guarda de todo, desde el norte hasta el sur.

Visitamos el norte, donde conocimos a los Cahokia, los indios de San Luis, con sus maravillosas ciudades.

Recorrimos Mesoamérica entera y por poco nos quedamos para siempre, ya que allí se conserva todo, todo y más.

Ahí conocimos a los extraños y nobles Olmecas, a los misteriosos y omnipotentes reyes jaguar de los mayas del preclásico, juntos pudimos observar la desaparición de pueblos grandiosos, como los mayas o Teotihuacán. Y también juntos pudimos contemplar el amanecer bíblico de un pueblo llamado Aztlan, los poderosos aztecas.

Además, nos sumergimos para llegar hasta lo más profundo del enigma del golfo de México, la ciudad sumergida.

Volamos al sur, donde tuvimos contacto con los pueblos andinos del más remoto pasado, como los civilizados ciudadanos de Caral, o los aguerridos guerreros moche con sus pirámides de adobe.

Conocimos al este las ciudades perdidas de Brasil, y pudimos acompañar a Fosett, a Orellana y a Bingham en sus épicas travesías en busca de El Dorado.

Conocimos Tiahuanaco, con sus megalíticos enigmas, y pudimos seguir la ruta de su dios más sagrado, Viracocha, en su ruta culturizadora.

Hasta nuestros propios ojos fueron testigos del horror con la llegada de Pizarro llevando el miedo y la muerte a los civilizados Incas. Pero no te preocupes volverás a vivir todo eso y mucho, mucho más.

¿Y todo para qué? Para ganar una apuesta, una apuesta que ya está ganada y es precisamente por eso, mi buen amigo «Sancho», por lo que empezamos este relato en este mismo punto, porque allí, allí mismo, en Perú, es donde estábamos cuando nos topamos con «algo increíble».

Esa es la gran sorpresa que te tengo guardada, un «as» en la manga que pienso soltar al comienzo de la partida, una partida que ya es mía. Porque lo que vas a contemplar, lo que te voy a enseñar, te aseguro que te impactará. Es más, nada va a superar el asombro que experimentarás, nada.

Cuántas noches de cielo y debate, cuantas tempestades de discusión sobre la antigüedad. Se acabó, al fin te he vencido.

¿Que a dónde vamos? De buenas a primeras mira por la ventanilla, ¿qué ves? ¿Nada? ¿Agua? Perfecto, vamos bien.

Como sabes, estabas en Europa cuando compraste el libro. No es culpa mía, tuve que recorrer muchos kilómetros para venir hasta aquí.

Nos encontramos cruzando el Atlántico, por si no lo sabes, pero no te preocupes si te marea volar, —yo sé que no—, puedes descansar detrás o cerrar el libro un rato pero te advierto, no me gusta esperar a nadie.

Volamos alto, unos 3.000 pies, para que me entiendas poco menos de un kilómetro de altitud. El horizonte se ve claro, limpio, perfecto para esta gran travesía. El mar nos cubre como un cielo sin fronteras, aquí todo pierde sentido, el tiempo se para, todo es infinito. Es en este mar eterno donde nos damos cuenta de lo indomable que es el tiempo, lo imposible que se hace el llegar a comprender ciertas cosas, lo minúsculo que es nuestro poder.

¿A dónde vamos? ¡Otra vez! Siempre has sido así de impaciente. Es algo que me gusta de ti, por eso mismo te he aguantado y he tirado de ti en tantos momentos, porque vales la pena, sé que llegarás a entenderlo todo, lo sé.

Vamos hacia las Américas en una ruta muy parecida a la de nuestro almirante preferido. Sí, ese mismo.

Sí, efectivamente, el secreto está en América, América del sur concretamente.

Querido amigo, nos vamos a Perú, al desierto de Nazca, es allí donde te tengo preparada la sorpresa, ¿qué hay allí? Sólo te diré esto: «algo grande».

Llevamos rato ya volando. Como ves, tu avioneta sigue marchando igual de bien, tan firme y maniobrable como nuestra propia mente.

A estas alturas, y nunca mejor dicho, deberíamos haber llegado ya a las Canarias, ¿las ves? ¡Si, las tenemos!

¡Perfecto! ¡Tenerife a la vista! ¡Sobrevolemos el Teide!

La cima del Teide.

¡Es impresionante! Delante de nosotros tenemos una montaña imponente. Con sus 3.800m de altura es lo más alto de España. No puedo evitar la tentación de pasarle por el lado, para ello tendremos que elevarnos, y elevarnos mucho, hasta al menos los 12.500 pies de altitud, lo mínimo para superarlo.

Sé que es peligroso, pero esto me encanta, ¡allá vamos! ¡Arriba, arriba! ¡Sube pequeña! ¿Has visto como se queja? Esta viejecita está pidiendo una puesta a punto, pero no te alteres, en teoría tú sólo estás sentado tranquilo y leyendo.

8.000 pies, esto marcha, no te preocupes por nada, 10.000 pies, nos vamos acercando.

Allá bajo nuestros pies dejamos las nubes, las atravesamos como el ser humano atraviesa la historia, para luego esfumarse.

No lo había visitado nunca. Si, va en serio, nunca, esta es la única de estas islas que me quedaba por sobrevolar, por eso venimos por aquí. Me quedaron ganas la vez anterior. No lo recuerdas, ¡tiempo al tiempo querido «colega de vuelos»!

Esto me encanta, ahí está la cumbre ¡qué brutalidad! No me lo imaginaba así de blanco, brilla a la luz del sol tanto que ciega. Creo que tengo un poco de frío.

Estupendo, llegamos a la altitud perfecta y nos acercamos, la pregunta es: ¿cuánto quieres acercarte?

¡Allá va! ¡Lo estamos pasando! ¡Es enorme! Algún día he de volver, tengo citas pendientes aquí, pero ahora tenemos algo importante entre manos, tienes una apuesta que perder así que sigamos, no tenemos tiempo que perder ¿o sí?

Detrás quedaron las tierras de los Guanches, unos amigos que nos recibieron con el misterio y con sus enigmas, ¡ah, claro! tu amnesia, no te preocupes más, es temporal.

Lo que te enseñaré creo que hará que, por fin, lo recuerdes todo, o al menos parte, y paso a paso irá surgiendo la memoria en tu cabeza.

Tú Sancho; tú, ser humano, a medida que vas aprendiendo, vas recordando, vas recobrando el saber que un día fue tuyo, de tu propiedad. Porque tú, Hombre, has vivido y has existido bajo los cielos mucho más de lo que piensas, más de lo que recuerdas, mucho más.

Tuyo ha sido el saber, tuyo ha sido el poder, tuyos los dioses y los hombres, tuyos los cielos y toda la tierra y los mares que en ellos se guardan, tuyas incluso, algunas estrellas. Todo tuyo, todo te fue dado, pero no lo recuerdas. Es por ello que hacemos este gran viaje, por eso y por ganar mi apuesta.

Nos adentramos en el Atlántico y anochece, será mejor que cenemos algo, todo esto me ha dado hambre. Tenemos comida detrás, ya sabes, si no quieres pilotar, ya la puedes ir trayendo.

¿Que no sabes pilotar? ¡Pero no me hagas reír por favor! ¡Yo no soy piloto! Tan sólo soy tu «pinche» en el aire, mi querido amigo. Cuánta gracia me haces con esa cara de sorpresa, no se te ha ido ni un momento desde que entraste, ¡pues esto no es nada Sancho, nada!

Siéntate ya de una vez, ¿encontraste la comida? Pues ven y te cuento, ¡ah sí! Esta vez abróchate el cinturón. Parece que el viento se empieza a notar.

Yo no soy el piloto, te repito, el piloto eres tú Sancho, ¿o crees que con lo que te costó Deisy me la ibas a dejar pilotar a mí? Si, ese es su nombre, se lo habías escogido por el nombre de una mascota que tenías. Según decías, no existía nadie que fuera tan fiel como ella, pensabas que te traería suerte y así lo hizo, así lo hizo.

Nos llevó por todo el mundo y nos trajo de una pieza, como te decía, a esta pequeñina le tengo cariño.

Pero no nos pongamos sentimentales y comamos algo, la noche se nos hará larga.

El cielo se oscurece, eso es bueno. Te voy a enseñar algo. Espera sólo un momento, merece la pena.

Ahora, mira el cielo. Esto es algo que en pocos sitios llegarás a ver, tantas estrellas, tantas… ¡Impresionante! ¿Por qué son tan luminosas aquí? Muy simple, nos alejamos de la luminosidad de la civilización moderna, en pocos sitios experimentarás tanta oscuridad, ya que aquí, el medio del océano y algunos desiertos, son los pocos lugares del mundo donde se puede seguir viendo este firmamento que es la grandiosidad del universo.

Seguimos camino, esto es interminable, ¿qué hora es? Llevo pilotando ya rato, dejaré un poco al automático hacer el trabajo, así aprovecho y te sigo contando.

Como te decía y siempre discutía contigo antes de tu gran «pérdida de memoria» que el saber del ser humano antiguo fue mucho mayor de lo que la arqueología oficial piensa. Tú siempre defendías la arqueología a capa y espada, alegando que tu incredulidad estaba basada en que nunca habíamos encontrado una «muestra» de ese «gran nivel tecnológico» y comentabas ejemplos sobre aviones, coches… Cosas de las que hoy disponemos y que «ellos» en consecuencia, debían poseer. O quizá algo parecido.

Discutimos y discutimos, yo, siempre te contestaba lo mismo: « ¿Pero qué demonios quieres encontrar? ¿Tú qué clase de cosas quieres que busquemos, si en el paso de miles de años todo desaparece, menos la piedra?»

Ahora que tratamos el tema, piénsalo bien, los materiales artificiales como los plásticos, los metales, las fibras sintéticas etc. son vulnerables al paso del tiempo. Contra él, nada perdura, tan sólo la piedra, la fría y muda piedra, que no parece querer desobedecer su voto de silencio ¿o sí?

Quizás sea éste el preciso momento en el que el Ser Humano aprende a hablar con las piedras, las cuales siempre estuvieron dispuestas a transmitir su mensaje, un código a gritos que tal vez hoy sepamos descifrar.

¿Por qué? Bien, esto es sencillo. Nosotros, nuestros geólogos, nuestros canteros... Todos pensamos en aunar nuestro saber para un bien común.

Esto es reciente, sobre todo desde que cualquiera tiene internet e interés. El saber se está distribuyendo, combinando y por tanto evoluciona.

Todos podemos participar, nadie esta vez quedará excluido de la lucha, nadie. Pienso que si todos, no sólo algunos, participamos, llegaremos a una solución para todo esto.

Sabes que no hay nada claro. Por eso, tanto tú como yo nos hemos pasado la vida discutiendo sobre este tema. Es hora de parar. Es necesario. Es imperativo. Es urgente. Porque este saber está a punto de perderse, porque ya hemos perdido demasiado y no pensamos permitir que se pierda nada más.

Para ponerte un ejemplo; al final de este viaje, cuando ya te haya ganado la apuesta y te quedes con la boca abierta, te llevaré a otros lugares. Todo con el fin de visitar algunas «pequeñas» peculiaridades que posee este planeta y que son de la misma índole, del mismo tipo y que muy probablemente, tuviesen el mismo destino.

Uno de esos ejemplos son las llamadas «Esferas del cielo», que hallaremos al visitar Costa Rica y algunos lugares más.

Esferas en Costa Rica.

Estas esferas, sin meternos mucho en materia, estaban posicionadas en ciertos puntos de la geografía costarricense, alineadas y orientadas de un modo muy curioso.

El profesor Samuel K. Lathrop había realizado un estudio muy interesante sobre estas moles que llegaban a pesar toneladas. Dedujo que su orientación se dirigía hacia ciertas zonas del mundo, como las islas de Cocos o Pascua.

Teniendo en cuenta esta posibilidad y otras, como la de representar fenómenos de carácter astronómico, estarás conmigo en que sea cual sea su antigua función, el realizar un profundo análisis de estas posiciones es fundamental para llegar a una conclusión fiable y no dar palos de ciego ¿estás conmigo?

Pues bien, nada más lejano de la realidad, ya que en los años 50, 60 y 70 famosas empresas a nivel mundial dedicadas a la alimentación han desplazado estas bolas, que se contaban por «miles», también muchas fueron destruidas con la acción de los buscadores de tesoros intentando extraer un oro que nunca verían. Todos acabaron por diezmar esta población de «maravillas de la antigüedad».

¡Por eso basta! Acabemos el debate ya, existe ahora algo más importante querido Sancho: salvar estos patrimonios de una vez por todas.

Dejemos de discutir todos otra vez como niños, en ocasiones me avergüenzo pero es la naturaleza humana, la naturaleza del hombre, un hombre a punto de despertar, de recordar.

Y bienvenido sea el recuerdo porque este es un año importante, importante para nuestra consciencia, para nuestro conocimiento, para la forma en la que comprendemos y observamos el mundo que nos rodea. Este año, en definitiva, lo cambiará todo.

¿Por qué? ¡No haces más que preguntas! Te daré las respuestas.

En este año acabará todo, todo y para siempre. Este año será el fin, el comienzo, el nacer, el despertar de un largo letargo.

Sigues sin entenderme. Me explico:

Sabes que todo el mundo nos habla de un «cambio» en el 2012. Eso, como sabes, salió de los mayas, unos tíos bien enigmáticos, curiosos como ellos solos, sabían más de astronomía y de fenómenos relacionados con el paso del tiempo mejor que nuestra propia civilización occidental hasta hace tan sólo unos siglos.

Este cambio, según ellos, estaría relacionado más con un «cambio de comprensión, de conocimiento» que a tribulaciones climatológicas, pese a verlas por doquier últimamente.

Quizás ese cambio no sólo se deba a nuestra comprensión sobre las adversidades, sino también a un cambio sobre nuestro auto-conocimiento, es decir, la imagen de nuestro propio «yo».

No sería de extrañar que ahora, debido a nuestro perfeccionamiento en todas las ramas del conocimiento, ahora, que tenemos el poder, que poseemos el saber, ahora y sólo ahora, podamos observar los «rastros» de nuestro auténtico pasado.

Créeme cuando te digo que tú y yo hemos visto pruebas más que suficientes por todo el planeta de «restos extraños», restos tanto de «artilugios» que no se sabe cuál fue su función, como de los rastros que «máquinas imposibles» dejaban a su paso.

En todos estos casos, la arqueología oficial no dejó claro, ni mucho menos, a qué o a quiénes corresponden.

Para ello debes de entender algo importante, como tú bien sabes y defiendes, la arqueología oficial se basa en hechos, y no en conjeturas. Me parece perfecto, pero el método científico, como definición, no se está, a mí parecer, practicando adecuadamente.

No sé si tienes idea de esto, pero en la ciencia —y esto no es culpa de nuestros queridos científicos— se tiende a defender una teoría intentando encontrar los datos necesarios para respaldarla y así conseguir que pueda prosperar.

Esto es algo común en los círculos científicos, y no digo que no esté de acuerdo, pero lo podemos mejorar. Para ello, no tenemos más que ir a la fuente del error, la metodología. Esta en ocasiones recurre a excluir pruebas que contradicen esta postura, a apartarlas o simplemente a no tenerlas en cuenta y a olvidarlas. Pruebas que hoy descansan a miles en estantes de viejos museos, esperando a que algún «alma caritativa» les «sople el polvo».

Eso es lo que nosotros podemos mejorar, donde nosotros podemos atacar para dar fin a este desatino científico en el que permanecemos perdidos.

Es importante, muy importante y como dijimos, urgente.

No podemos seguir permitiéndolo, no podemos seguir mirando a otro lado. Sencillamente, no podemos.

¡Pero no te pongas serio Sancho! Aún nos queda para atravesar por completo el Atlántico. Mira, empieza a amanecer, es curioso cómo se me pasan las horas hablando contigo. Bueno, para ti esto es nuevo ¡Lo que me faltaba! ¡Además de incrédulo, amnésico!

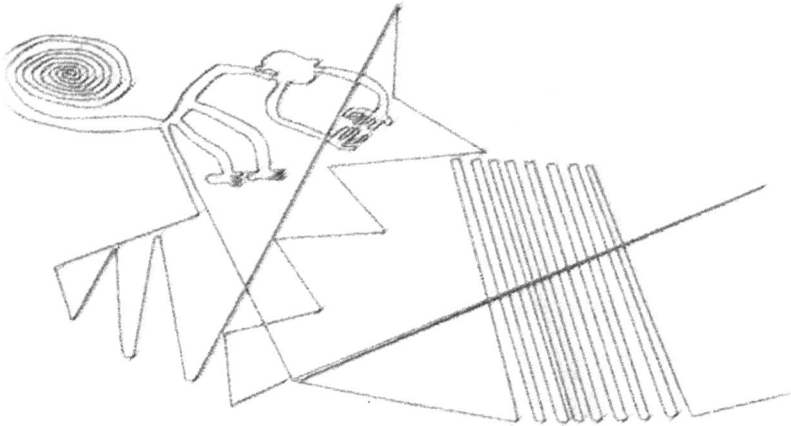

CAPITULO III

VIAJE REDENTOR

¿Sabes? A este viaje lo llamo «el viaje redentor», y es porque en él llevamos una carga muy pesada. No, no te preocupes por el avión, no es un peso real, es un peso moral.

Devolvemos un tesoro que les fue robado. ¿Quiénes? No me hagas reír, ¡nosotros!, nosotros y nuestra obsesión con querer usar a Dios como la excusa perfecta para robar, violar y matar.

Fuimos nosotros y no otros, los culpables, unos colonos europeos muy diferentes a los que en otros tiempos pasados habían existido, unos blancos barbados muy distintos a los que conocieron en tiempos remotos, trayéndoles la civilización y la cultura.

Nosotros, pálidos habitantes de las costas del oriente, antes, mucho antes de las «amistosas» visitas de nuestros colonos españoles, antes incluso, de que el hombre observase la estrella polar, hombres blancos como Quetzalcóatl y Viracocha, caminamos por los senderos del continente que todo lo tiene, que todo lo alberga, América.

Prometieron regresar y lo hicieron pero ya no eran los mismos, ya no eran iguales, porque habían perdido «algo» sumamente importante, algo que también te falta a ti querido Sancho: la memoria.

Hubiese sido mejor que no hubieran regresado jamás, porque aquellos mismos hombres, que miles de años antes les habían llevado la cultura y el conocimiento, aquellos que un día les enseñaron la vida, en esta ocasión traían la muerte, el horror, la desdicha.

Pobres americanos, americanos de verdad, no como los de hoy, a ellos, les pertenece esta tierra.

Se la robamos, les robamos a sus mujeres y maltratamos a sus hijos, destrozamos sus casas y les perseguimos como a animales, les despreciamos y les hicimos perder toda noción de lo que fue su pueblo; quemamos sus libros, sus templos, a sus dioses. Matamos a sus escribas, les cortamos la lengua a quienes contaban sus historias y les impusimos un Dios que ni quería ni buscaba ser motivo o causa de tanta desgracia.

Nos llevamos su oro a montañas, algo sagrado para ellos y desgraciadamente mucho más para nosotros.

Lo peor fue que les hicimos perder el recuerdo de quienes son en realidad, quienes fueron sus grandiosos padres. «Ellos», que no recuerdan quiénes son, que miran en ocasiones sus ruinas desde la incomprensión, «Ellos», son los auténticos dioses de América.

Pueden estar orgullosos, mucho más que nosotros, porque en su tierra se esconden los más increíbles misterios de la historia, lo más impactante. Por eso lo llamo «viaje redentor» Volvemos a traerles ese maravilloso mensaje de sus padres, les venimos a contar a todos los Americanos, a los auténticos y en concreto al humilde pueblo peruano, que su pasado fue más glorioso de lo que nunca hayan imaginado jamás; que sus padres, y su poder, llegaban más allá de lo que nunca nadie se atrevió ni siquiera a insinuar, a soñar. Y es curioso, esta carga no sólo es pesada, además es grande, pero muy grande.

En esta ocasión Deisy se está luciendo, ninguna avioneta ni avión había soportado tanto peso y transportado algo de tal dimensión.

¿A qué me refiero? Es hora de dejarme de rodeos, ha llegado el momento de decirte a dónde vamos mi querido Sancho.

Si te soy sincero había pensado hacerte sufrir un poco más, pero si te pones así...

Vamos al sur de Perú, concretamente a Nazca, al gran desierto de Nazca.

¿Para qué? Para ver un plano. Sé que piensas que cruzar medio mundo para ver un simple plano hoy con nuestra tecnología no tiene sentido, y en parte llevas razón, pero este plano es especial, no nos entra en el bolsillo.

Por eso vamos allí, para verlo de cerca, y de lejos, eso es importante.

¿Especial porqué? Te lo diré pero temo que a pesar de que lo intente ni yo mismo alcance nunca a saber la relevancia que representó en su momento.

En realidad nunca hasta la fecha se le ha considerado un plano como tal, esa es una de las razones que lo hacen «tan especial».

El motivo es como te decía, su tamaño, su prodigiosa envergadura, digna de dioses, más que de hombres.

Son las famosas «Líneas de Nazca», un yacimiento arqueológico que abarca todo un desierto.

No te lo quiero contar todo, tan sólo te diré algunas cosas de momento, las demás las dejaremos para cuando lleguemos allí. Ver para creer. Estas «líneas» son trazos rectos sobre el desierto, que abarcan kilómetros y que poseen una rectitud que ha hecho palidecer a la ingeniería moderna.

No se sabe bien ni quién, ni cuándo las crearon, pero la arqueología oficial baila entre el 700 A.C. hasta el 700 D.C.

Lo más destacable hasta el momento, son unos jeroglíficos de proporciones inmensas adosados a estas líneas, que representaban figuras de animales y plantas, incluso las hay antropomorfas, con forma de hombres o de dioses ya perdidos en el tiempo.

Fueron lo más destacado por dos motivos, primero por ser lo más llamativo a ojos del gran público y de los estudiosos pues les facilitaba la labor de identificación y segundo porque estas figuras o símbolos poseían un menor tamaño, unos 300 metros de diámetro, que las kilométricas líneas, siendo mucho más aptas para su estudio.

El principal atractivo de Nazca fue precisamente el mismo motivo por el cual no eran conocidas hasta el momento por los españoles y sus descendientes criollos, es el siguiente: que tan sólo son visibles desde el aire. Esa fue la característica que colocó a Nazca en el primer escalafón del misterio mundial junto con la Gran Pirámide de Egipto. Eso y los libros y documentales de un famoso autor que trajo controversia en los 70.

Hasta ahora han sido toda hipótesis sin una conclusión concreta, ya que no quedó claro ni mucho menos hasta ahora para quienes las hacían, o con qué finalidad. Tampoco se entiende cómo las hicieron tan rectas, tan perfectas, tan complejas.

No son decenas, no hablamos de cientos, hay miles repartidas por todo el desierto, te comento esto para que no te marees con el espectáculo que estás a punto de presenciar.

Pero da lo mismo, es igual que te cuente lo que te cuente ya que nunca te vas a imaginar la magnificencia que el gran plano de Nazca representa, tan sólo te digo esto, es tan grande que tus ojos nunca podrán abarcarlo completamente, por eso vamos en avioneta, para verlo desde lo más alto.

Hablando de avionetas te comento que antes de llegar, pararemos y pasaremos por Acre, en Brasil, allí aprovecharé para visitar un amigo y de paso hemos de llenar el tanque, creo que lo vamos a necesitar si quiero que le vuelvas a coger «el toque».

Te lo dije antes, tú querido Sancho eres el piloto aquí ¿qué ponen los papeles? No te preocupes, esto es como andar en bici, nunca se olvida.

Además ese no es el motivo principal para que bajemos. Lo que hallaremos en Acre son unas «marcas» realizadas con una técnica diferente pero que tiene el mismo resultado: poder verse desde el aire y allí nos esperan, al otro lado del charco, no sin antes sobrevolar el Amazonas, sí amigo, el río más misterioso del mundo.

¡Cuántas aventuras de valientes salieron contadas de allí, cuantas búsquedas sin retorno! Tanto mar de río y selva dónde cualquiera se pierde, más verde que el que nunca hayan visto tus ojos.

Antes incluso de cruzar el inmenso océano, nos desviaremos un poco hacia el oeste para sobrevolar una zona que siempre me ha fascinado. Es una zona que existe trazando un triangulo imaginario entre Florida, Puerto Rico y Bermudas, ¡vaya! ya lo he dicho.

¿Que si estoy loco, por qué? Tan sólo un poco aburrido de tanta charla, ¡yo quiero algo de acción! Además, quiero comprobar si a nosotros también nos sucede lo que los pilotos comentan, será divertido.

¡Venga! ¡No seas pesado, Sancho Panza! que no son gigantes, son molinos, ¡siempre estás igual! ¡Impidiendo que corra hacia la gloria de mí destino!

Es más, mientras ponías esa cara que pones cada vez que te entran los temblores de rodilla, entramos en la zona del triángulo, y ya ves, no ha pasado nada.

¿Ves por qué no tenías que temer? Tanto yo como Deisy somos viejos piratas, conocemos los peligros de los mares y los surcamos con más talante que el mismísimo Barba Negra, así que deja ya de aferrarte al asiento de una vez y ve a por un café, que ya me pica todo.

Esta vez échale más azúcar, que ya la vida es suficientemente amarga como para no darle un toque de gracia.

¡Oh! ¿Qué ha sido eso? ¡Estamos bajando! ¡Agárrate a algo ahí detrás, no sé qué pasa!

¡Se estabiliza! No lo entiendo, esto no pasa a menudo. Aquí se masca el misterio ¡Venga hombre! no te enfades. Si no lo vives, nunca lo podrás contar, ¡tenemos que experimentarlo! Y no te olvides del café.

¡Claro que me tomo un café después de esto! ¿Y qué voy a hacer? Me fumaría hasta un cigarrillo si no lo hubiese dejado, ha sido increíble. Pero esto no es todo, ¡espera porque viene más! ¡Sírvelo de una vez y mueve tu incrédulo trasero hasta aquí!

Bien, ¿lo ves? Allí abajo, sobre el nivel del mar, se ve un tanto raro.

¡Sí, exactamente! ¿Como una niebla, no? Pero la niebla no es verde, creo…, de todos modos esto sí que es extraño y digno de contar a nuestros nietos.

De momento no he notado nada, al menos en los relojes. Espera, ¿qué hora es? ¡No puede ser! No, si no es nada, a ver, esto yo lo controlo, es que deberíamos estar mucho más lejos de la costa de lo que estamos, es decir, nos adelantamos dos horas, ¿cómo es posible? Bueno, ¡mírale el lado bueno! ¡Ahorramos gasolina!

Ya estamos llegando a las costas de las Bahamas y más allá ¡Cuba! — ¡No!— ¡Que te estoy mirando! Aunque ganemos dos horas nuestro viaje será simplemente arqueológico, que te conozco.

¡Ah! Lo dices por sus ruinas y sobre todo las sumergidas; perdona, veo demasiado la tele últimamente.

Lo siento pero eso lo dejaremos para el próximo viaje, La Conexión, ese que a ti tanto te cuesta recordar.

Sigamos. Esta vez torceremos al sur, hacia las costas de Colombia, un sitio no menos enigmático. Aprovecharemos para bajar aquí también, es necesario que contemples algo con el fin de estar preparado para lo que está por venir, así que nos dirigiremos directamente a Bogotá, al museo del oro.

Vamos bien, acabamos de atravesar cuba en poco tiempo, ahí abajo está La Habana. Pero como te dije no seguiremos recto, esta vez giremos hacia tierras andinas. Bien, en poco tiempo deberemos encontrar al este Las Caimán y un poquito más adelante, al oeste, Jamaica.

¡Muchas ganas tengo yo de bajar por allí! Pero no tenemos demasiada gasolina ni suficientes páginas, tendremos que dejar mucho en el tintero por esta vez.

El día se ve claro y el mar está tranquilo, me gusta, me encanta. Una entrada perfecta en el continente americano, vendrá bien para que te acostumbres a esto. ¿Porqué Colombia? Porque en ella se guarda mucho de lo que se perdió tiempo atrás, recuerdos perdidos de un ser humano olvidado.

Tan sólo quiero llevarte a Bogotá para que seas testigo del secreto, nada más, una simple visita al museo del oro, allí quiero que veas unos pequeños objetos, ellos te ayudarán a comprender, a entender.

¿Entender el qué? Pues que los antiguos, conocían conceptos, conceptos que hoy reconoceríamos como muy actuales, saberes que en el mundo moderno el hombre conoce como propios, como nuevos o inventados, como descubiertos.

Nada más ajeno a lo real, mí querido Sancho, ésa es la primera lección que recibirás en este viaje sobre nuestro amigo, el hombre antiguo.

Sabían demasiado, aunque poseían demasiado poco, todo lo conocían y casi todo lo olvidaron, pudieron lo absoluto y sus descendientes parecieron no poder digerirlo. Para eso te llevo, para que veas, para que entiendas que los descendientes de «aquellos grandes hombres antiguos», ya no conocían ni sabían interpretar las habilidades de sus poderosos padres; para que puedas comprender un fenómeno que no pertenece a la evolución sino a todo lo contrario. Ese fenómeno es la degradación de la memoria histórica.

Esto, como te dije, te ayudará enormemente a visualizar y a caminar sobre la verdad, para que luego puedas contemplar y entender la finalidad de las Líneas de Nazca.

¡Ahí están las Caimán! ¡A tu derecha! ¿Las ves? Bien, en poco deberíamos ver ya Jamaica.

No nos queda mucho para llegar a destino, apenas unas horas, tengo ganas de bajar ya, aprovecharemos a comer algo.

Por si no lo sabes, nos adentramos en el Caribe, cuántos nos tendrán envidia ahora mismo. Son unas aguas hermosas de veras pero infestadas de tiburones, según me han dicho. Mal sitio para naufragar, volaremos bajo a ver si vemos algunos de esos bichos.

Bajamos a unos 500 pies, a esta altitud se ve el mar como una gran sopa ¿no es cierto? El calor absorbe la atmósfera como si de un horno se tratase. Vivir en una isla, aquí… estaría bien ¡Hay tantos y tantos que matarían por ello!

Jamaica a las 21.00, Caribe, ¡aquí estamos!

Aprovecha para darme un café, estamos a nada de ver Colombia. Sí, ¡otro café! Hoy será un día movidito, te lo prometo.

Comeremos en Bogotá, en el casco viejo de la ciudad y luego, de tarde, partiremos al sur para cruzar el Amazonas, eso te gustará.

¿Qué a quién conozco en Acre? Bueno, es un viejo amigo, y perdona esta «sonrisa maliciosa» que me ves desde ayer pero allí te espera otra sorpresita, otro viaje de la mano de «viajes Charlie».

Después de viajar dormiremos allí, si es que a eso se le puede llamar «estar dormido» ¿a qué me refiero? Nada, pensaba en alto, no te preocupes, déjalo todo de mi cuenta, ya habrá tiempo para explicaciones.

¡Bien! ¡Mi café! Mira que tardas, lo de camarero a ti no se te da, desde luego.

Siguiendo con lo de Colombia, esos objetos se encuentran a miles y de momento la arqueología los considera «ofrendas» religiosas.

Figura del Museo del Oro, en Bogotá.

El caso es que poseen propiedades, que tienen características de ¿cómo decirlo? De avión. Sí, de avión, de aeroplano. Son unas figurillas pequeñas, de unos 10 centímetros, de poco peso, son raras y muy esquemáticas pero sus formas recuerdan a eso, a los mismísimos aviones actuales.

¡Ya sé que no tiene sentido, Sancho! Pero están ahí y no se han movido desde hace miles de años, al menos de Colombia ya que pertenecen no a Bogotá, que está en el mismísimo centro del país, sino al norte, cerca de la costa, una zona que sobrevolaremos al llegar, ya te aviso.

¿Y cuáles son esas características? Pues varias y notables, como luego te enseñaré. Todas difieren en pequeños detalles pero esos «avioncillos» disponen de alas, timón, cabina de piloto y hasta tren de aterrizaje. Incluso la disposición de sus alas, en ocasiones tiene la forma de «delta», algo que no se suele ver en la naturaleza.

Lo sé, es imposible, por eso te pido que me acompañes allí para que las veas tú mismo, después de todo tú deberías reconocer algo que hasta tú dispones y utilizas, ¡tú tienes un avión!

Bien, entiendo tu incredulidad, te parece sencillamente imposible, descabellado, una aberración. Dejemos de discutir, ahora quien tiene la sonrisita eres tú pero verás, yo seré quien abra tus ojos y calle tu boca.

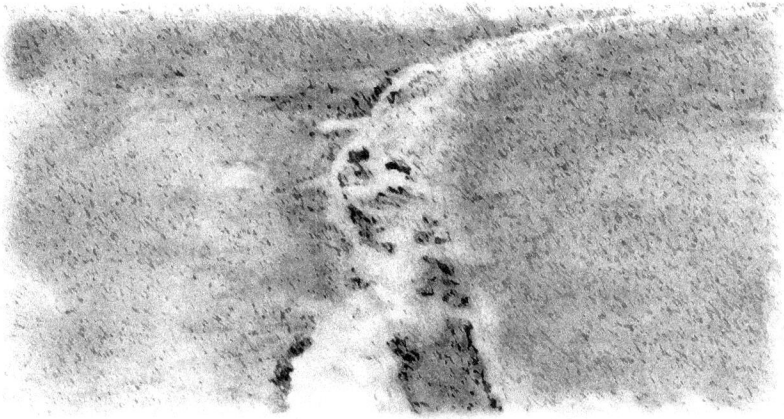

Sobrevolando la línea de tierra.

Estamos llegando, ya se ve a lo lejos la costa, quiero atravesar una zona, Pueblo Viejo, una larga y estrecha línea de tierra que separa el Mar Caribe de sus grandes ciénagas. Seguiremos este hilo de arena hacia el Oeste hasta llegar a Barranquilla, quiero que la puedas contemplar.

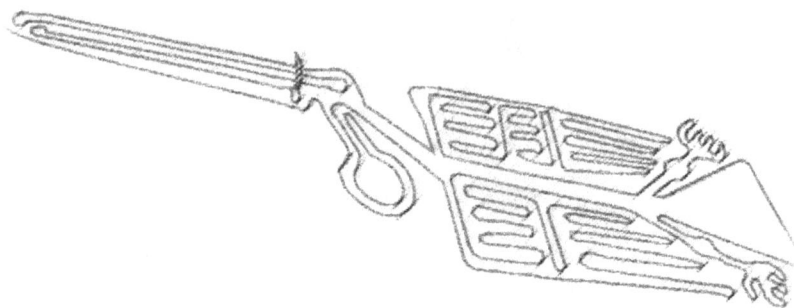

CAPITULO IV

LOS HOMBRES DEL CIELO

A nuestra derecha el Caribe, a la izquierda esa gran ciénaga infinita, a nuestros pies la lengua de tierra y arena; cielo despejado, aire caliente, seco. Abre la ventanilla para que me dé la brisa del mar en la cara, esto hay que disfrutarlo.

¿No estás entusiasmado? ¡Llegamos! Aquí, aquí es donde los dioses un día anduvieron por la tierra, donde sonaron sus arpas, sus cantos, dónde pasaron sus días.

Aquí es donde prosperaron más que en ningún sitio porque tan sólo aquí lo existía todo, lo cabía todo. Todo para los dioses, para los hombres, donde todo parecía tener un sentido, no como ahora.

Por eso América es tan y tan misteriosa, ya que aquí, desde esta lengua de tierra hacia el sur, todo te lo puedes encontrar.

Allí está Barranquilla, hemos llegado rápido ¿la ves? Entre tanto verde y azul luce como una mancha gris blanquecina. En esta zona es donde vivieron los creadores de aquellas piezas de oro, los que fabricaron aquellos «avioncitos», que según tú, no son «avioncitos».

Figura del Museo del Oro, en Bogotá.

En concreto fueron encontrados en el recinto arqueológico de Tairona, muy cerquita de aquí, en la sierra nevada de Santa Marta. Esas gentes fueron culturas como la Tairona, los Muisca, los Calima, Tumaco y Urabá, entre otros. Fueron muchos, y a lo largo de muchas etapas diferentes, pero eso, ya es otra historia que dejaremos para el siguiente viaje: La Conexión.

De momento ya has visto la zona; ahora sigamos, no tenemos tiempo que perder. Nos dirigiremos al sur, hacia Bogotá, donde nos espera una mesa reservada en el restaurante donde nos quieran dar de comer.

¿Sabes? Ver tanto verde y tanta ciénaga me da qué pensar ¿cuánto quedará por ahí enterrado en la maleza, bajo el agua o la arena? ¿Qué estaremos a punto de descubrir a lo largo de estos años venideros, qué?

Quién sabe cuántas historias se han perdido por aquí; cuántas interesantes, interesantes de verdad.

Lo que vamos a ver en Bogotá es buena prueba de ello porque en estos países andinos del norte se aprecia que nunca les gustó perder el tiempo ¡cuántas civilizaciones habrán vivido y desaparecido sin dejar ningún rastro...! ¿Qué encontraríamos de toparnos con algo?

Lo sé, para ti tan sólo cosas aburridas y viejas, sin interés. Ofrendas religiosas, centros religiosos, conceptos siempre religiosos, no prácticos. Como si el hombre del pasado no tuviese que sobrevivir, que mejorar su calidad de vida, que perfeccionarse como persona culturalmente, que expandir las fronteras de sus estados y de su propia mente, que conocer el mundo que les rodea.

Todo dirigido a esos dioses, unos dioses que para la arqueología oficial parece ser que fueron los únicos que caminaron por esas tierras. Sí, lo sé, pruebas, no lo digas más, tu famosa letanía made-in Sancho.

Cada cosa a su debido tiempo, pero queda poco, estamos llegando ya a la capital.

Bajamos, cerquita tenemos el aeropuerto. Con tanto viaje ¿no tienes hambre? No sé tú, pero hasta a nuestra pequeña tan sólo le quedan unos litros en el tanque, hasta con su temblequeo parece que le suenan las tripas.

Tenemos pista, alineamos, y por cierto, fíjate en como lo hago, te hará falta para lo que deberás hacer tú en Nazca.

¿Aterrizar? No, nada de eso, otra cosa pero al caso nos es lo mismo, la cosa está en alinearse bien.

Descendemos, las alas de Deisy parecen bailar, tranquilo, esto es normal.

Tocamos tierra, ¡vamos Charlie, ahora no la cagues! Bajando velocidad ¡lo tenemos!

¡Uf! ¡Esto cada día me estresa más! Claro, con un piloto con amnesia y ¡queriendo recorrer el mundo...!

Bien, tan sólo la tengo que dejar por aquí, tengo enchufe en todos los aeropuertos ¿por qué? Ventajas de ser el escritor del libro.

Cojamos un taxi ¿Andando? ¿Estás loco? ¡Esto es enorme!

La zona vieja es especial. Sus coloridas casas recuerdan la época colonial, una época que por otra parte preferiría borrar.

Llegamos al museo, hay que ver esas estatuillas antes de la comida, cierra a las tres.

Déjame que te cuente algo de este museo, no es cualquiera, este museo, es especial.

Aquí, en estas cuatro paredes se conserva la mayor colección de piezas artísticas de oro de todo este mundo, así que si te entra la «vena Orellana», éste será el sitio donde primero buscarás El Dorado porque en lo que a este metal se refiere, los colombianos saben un rato.

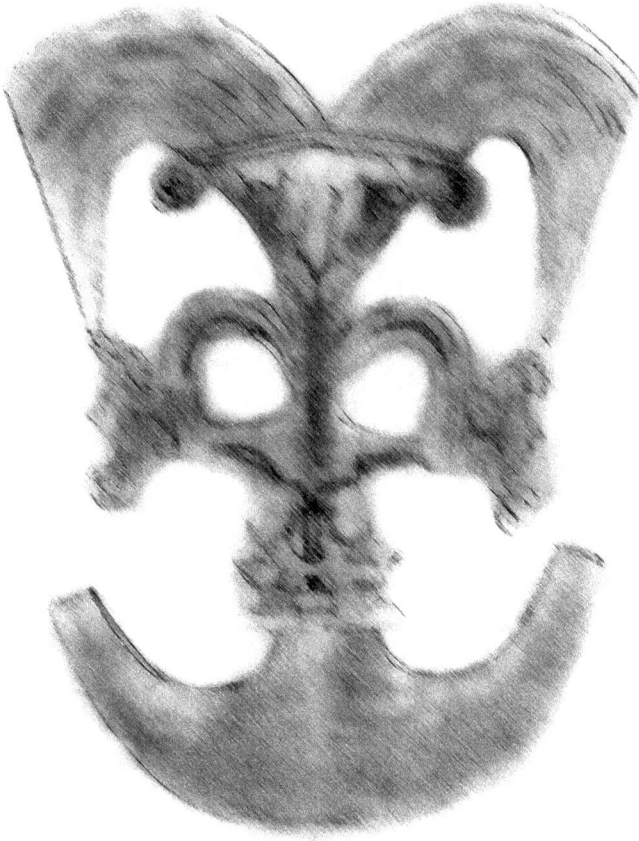

Figura del Museo del Oro, en Bogotá.

Caminando por entre sus entrañas, localizamos joyas también de otros metales, otros materiales: cerámicas, maderas, aquí tienen de todo, y sobre todo oro. Y es que hay que buscar, no es tan sencillo, la tremenda cantidad de objetos valiosos emborrachan a la mente al más puro estilo de los bazares marroquíes, con brillo que ciega los ojos por todas partes.

57

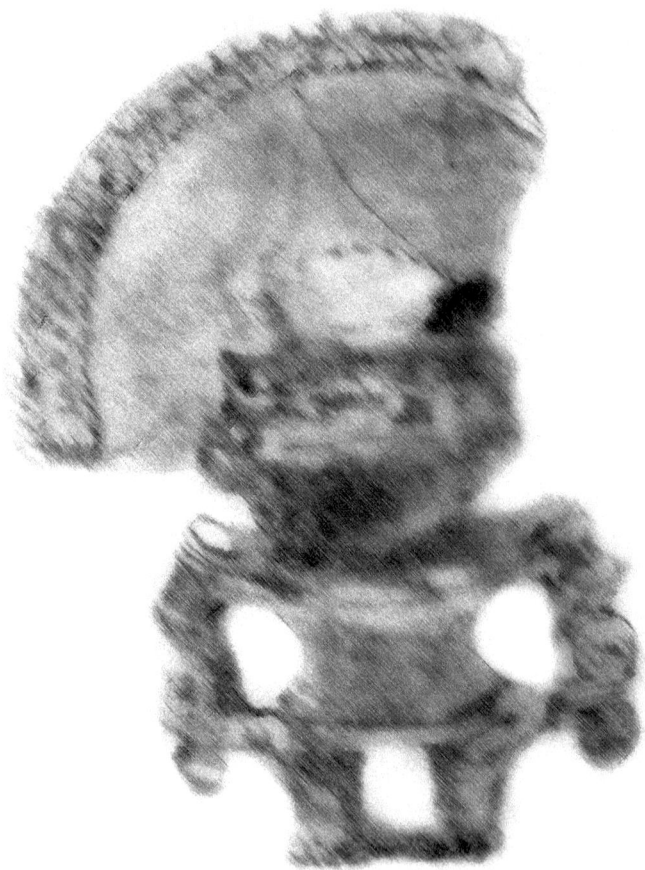

Figura del Museo del Oro, en Bogotá.

Aquí tenemos las famosas piezas aladas al fin, riéndose de nosotros, pequeñas, secretas, como quien no dice nada y lo dice todo, como aquel que sabe la respuesta correcta y no nos la quiere contar.

"Aviones" del Museo del Oro, en Bogotá.

¡Y bueno! ¿Qué te parecen? Vamos, dime algo, ¿es que te extrañas? Pero aún no lo vas a admitir creo ¿o sí?

Sí, lo veo, estas piezas no tienen la forma exacta de los aviones modernos, ¡pero fíjate! tienen sus mismas propiedades.

Figura del Museo del Oro, en Bogotá.

No soy yo sólo quien te lo dice, hace años, J.A. Ullrich, Ivan Sanderson y Arthur Poyslee entre otros, sugirieron esta posibilidad, alegando la falta de características animales y sus propiedades puramente aeronáuticas.

Sé que te parece raro, extraño e imposible pero fíjate un momento, sus alas en delta, para el profesor en aeronáutica y ex piloto de las fuerzas aéreas J.A. Ullrich, esta forma daba a dichas naves la capacidad de alcanzar velocidades supersónicas e incluso, a poder «volar» dentro del agua.

Por otro lado, el doctor A. Poyslee, del instituto aeronáutico de Nueva York, afirmó con contundencia que dichas alas sustentadoras eran demasiado rectas y lisas, de corte lineal, como para pertenecer a ningún animal, pez o insecto.

Otra curiosidad a tener en cuenta, es la que aportaron dos investigadores y aeromodelistas: al fabricar varios de estos aparatos a una mayor escala con unos materiales más ligeros, estas maquetas demostraban ser ágiles jinetes en el aire, quedando patente sus correctas propiedades para el vuelo.

¿Sigues pensando lo mismo? ¿Representaciones de animales como ofrendas para los dioses? ¿De verdad lo crees?

Vamos, dejemos esto. Si aún no te he convencido vamos ya a comer, no perdamos más tiempo, me empieza a pesar este «as» que llevo en la manga.

Vamos por estas callejuelas viejas, seguro que encontraremos algo por aquí ¡vaya! que bien asfaltadas las tienen, a base de adoquines.

¡Ahí hay un restaurante! El Colibrí ¡este me gusta! Nos viene al pelo para el libro ¡a ver qué nos sirven!

Calle de Bogotá, Colombia.

¿Ajiaco, lechona, mondongo, pipitoria, champus valluno? ¡No entiendo nada! ¿Es que no tienen hamburguesas? Vale, debo aprender a disfrutar de otros sabores, como tú bien dices, pero tú también aplícate el cuento, mi querido Sancho.

Por mí probaré los frijoles con chicharrón ¿qué diablos será eso de chicharrón?

Comamos pues, que nos queda aún camino hacia Acre, donde me espera mi buen amigo «Ayahu».

¿Quién es ese? Te dije que te lo presentaría al llegar, quiero que sea sorpresa. El viaje será interesante, te lo aseguro.

La comida estaba bien, no pensé que supiese de esa manera ¡qué poca cultura gastronómica tengo!

Volvamos al avión pero de esta vez vamos andando si no te importa, estos frijoles cuesta bajarlos, iremos por estas calles, este soleado día es propicio para dar un paseo.

Me gustan estos cascos antiguos, para ellos la vida parece ser de color de rosa, así luce la Basílica de Buga, La Casa de la Independencia y algunos edificios que se ven por aquí, parecen gente alegre, dignos descendientes de lo que un día fueron sus padres. Pero sigamos, ahí está el aeropuerto donde nos espera nuestra pequeña, subamos y sin más digámosle un adiós momentáneo a estas bellas tierras doradas, pues volveremos a por más de sus secretos.

Encendemos motores, nos elevamos, cargados llevamos ya el combustible y los frijoles con chicharrón que me están haciendo pensar que llevo el Mauna Loa en todo el esófago. Dios, tráeme algo de ahí atrás.

Bien, espero que te gustase esta visita, no dudes que la próxima será aún mejor, —se lo digo a mi estómago—.

Nos dirigimos a Acre, a Brasil, otra tierra de dioses enterrados por la espesura de la selva, ya olvidados por su padre, el cielo, cuando la vegetación le impidió contemplar los reinos que un día se erigieron para dignificarlo.

Otras civilizaciones, otros pueblos pero un mismo pasado, un mismo destino, un mismo misterio.

Tenemos kilómetros de selva por delante, Deisy nos lleva con vuelo presto, unos 300 kilómetros por hora, una delicia si la meteorología lo permite.

No volamos alto, quiero observar lo verde de estas fronteras, lo espeso y frondoso de sus selvas, lo extenso de sus ríos y afluentes, lo inmenso de sus ciénagas y valles, lo grande de esta tierra.

Disfrútalo Sancho, ya que no existe nada igual. Pronto llegaremos al Amazonas y seremos testigos de su serpenteante dominio entre esta vasta naturaleza. Existen algunos con más caudal pero como este, para mí, sólo hay uno: el Amazonas.

No dejes nada sin recogerlo con tus ojos, procura llevártelo todo, acaricia cada mínimo detalle pues verás que esto no tiene parangón en el mundo, en nuestro viejo mundo; hay cosas que tan sólo se las quedó este continente.

Lengua del Amazonas, Brasil.

Por todas partes vemos serpientes azules en mares verdes, por todas partes árboles, por todas partes vida saliendo a borbotones por este pulmón latente, por este universo de especies y oxígeno.

Es importante que lo recuerdes porque esta maravilla está a punto de desaparecer.

Sí, ya lo sabes, es de dominio público que esta selva tiene los días contados, nada escapa a la avaricia del hombre moderno.

No sé si te das cuenta, si la gente se da cuenta o mira hacia otro lado. No entiendo cómo este mundo puede estar hecho de esta manera, no apto para mi extrema sensibilidad.

Todo este paraíso, miles de millones de especies que ni siquiera aún sabemos que existen, que no las hemos visto, catalogado... Pero eso es lo menos importante, ya que ahora están muriendo a millones, la catástrofe más violenta para el medio ambiente, algo que se lleva permitiendo décadas, a sabiendas del gran pecado que cometemos al talar tan masivamente esta selva.

Según los estudios más optimistas, la quema y tala de árboles está destruyendo al orden de un campo de fútbol por minuto ¡por minuto!

Precisamente por eso la sociedad no hace nada, no creo que sea tanto el conflicto de intereses sino la escasa envergadura de la mente humana, la consciencia humana.

Zona deforestada de miles de kilómetros cuadrados.

Quiero con esto decir que no nos llega, que no tenemos suficiente cerebro para tanto poder de devastación, una contradicción que nos va a salir muy cara, demasiado.

¿Que insulto al ser humano? ¡Claro que lo insulto! Es más, en ocasiones me avergüenzo de no haber nacido pato, oso o perro, al menos ellos sí son fieles, como decía Diógenes.

Pero a mí lo que me duele no es lo caro que nos saldrá, lo perjudicados que podamos salir, eso me tiene sin cuidado. Lo que me importa, lo que me destroza el corazón es el daño que tantas y tantas especies sufren a cada segundo, cuántos seres vivos muriendo, ardiendo en un mar de pesadilla.

¿Quiénes los defienden? ¿Quiénes? Al final siempre se quedan solos ya que hasta las colaboraciones para su salvación son de una escasez pasmosa, es demasiado el daño para tan poca solución, para tan poco interés por mejorar nuestro planeta.

Están perdiendo ellos, no nosotros, están sufriendo ellos, los animales, plantas y gente que vive allí, en su gran paraíso de cuenta atrás, viendo como el reloj de arena se agota sin poder retener los pocos granos que les quedan en sus manos.

¿Sabes? Lo que más me sobrecoge es no imaginarme al ser humano cambiando nunca, no soy capaz de verlo sin ese velo de egoísmo y maldad, sin ese halo de destrucción que tanto le caracteriza y del que le gusta alardear.

Somos adolescentes, te lo he dicho, y aún nos queda mucho que madurar como para que nos dé tiempo de volver atrás, demasiado quizás, para podernos salvar antes de la gran tribulación.

¿Que quiero decir? Sencillamente que esto ya nos ha pasado, y más veces de lo que te piensas, la naturaleza, conocedora de nuestra oscura condición, tiene sus métodos para sanarse.

Sí, sanarse, curarse, ya que ella, Gaia, como ser vivo, madre de no una, sino de todas las especies, de vez en cuando se rebela para bien de unos u otros de sus hijos.

Según nos venga, de vez en cuando beneficia a unos y perjudica a otros, pero sin embargo casi siempre, perdemos todos.

Un ejemplo cercano lo puedes contemplar en el último periodo del Pleistoceno, hace unos 12.000 años, cuando las catástrofes naturales sucedidas a lo largo del gran fenómeno del deshielo que duró miles de años, acabaron con el 75 por ciento de las especies terrestres, ¡el 75!

¿Te das cuenta de lo que significa? Una gran hecatombe que terminó con todo, sobre todo con los animales más grandes, entre los que se encontraban mamíferos tan colosales e imponentes como los mismísimos mamuts, dientes de sable y el gran perezoso lanudo.

Pero ¿por qué? Los científicos aún no lo tienen del todo claro, piensan de momento que la razón más probable sea el estallido de un súper volcán en erupción: el cual oscureció el cielo durante un período tan extenso que habría de terminar con toda reserva vegetal para la alimentación de los herbívoros. Esto, habría producido una reacción en cadena que terminaría por afectar en mayor medida a los más grandes, los cuales necesitaban muchas reservas de grasas y proteínas para su mantenimiento.

Existen también otras teorías. Una, por ejemplo, sugiere la posibilidad de que un meteorito se estrellase contra la superficie terrestre provocando un fenómeno similar al anterior, oscureciendo la atmósfera con la materia repelida tras su gran colisión. Esto se respalda con una significativa prueba que nuestros científicos hace unos años consiguieron al analizar los hielos de la gran reserva del ártico, a quien también, como a la selva, le queda poco.

Esta prueba consiste en un hallazgo desestabilizador, un testigo que no dejó a ningún geólogo indiferente ni a ningún otro pensador.

En una capa de hielo de unos centímetros de espesor perteneciente a la época de la que hablamos, hace unos 12.000 años, encontraron millones de unos microscópicos cristales de iridio, un material bastante extraño en nuestra corteza que sólo se forma a temperaturas únicamente alcanzadas por nuestras actuales bombas atómicas. Dicha capa, curiosamente se encuentra repartida por todo el globo en los estratos del mismo período, donde cualquier zona del mundo sirve para que pueda ser vista, donde en cualquier parte la podremos encontrar.

¿Qué significa eso? Pues que una explosión tan tremenda fue la causante de tal cambio pero de momento, ni el meteoro o asteroide, o rastro de su colisión, ha dado a conocer su paradero, dato bien extraño.

¿Quiere decir esto que dicho cuerpo astral nunca existió, o que simplemente se esfumó sin dejar rastro? De momento deberemos esperar hasta que encuentren algo pero es probable que si lo encuentran, esa sea tan sólo una opción ¿por qué? Bien, porque aún nos quedan muchas cosas por explicar al respecto.

Me explico: existen lugares en el mundo donde dicha capa está solidificada, convertida en cristal, como los campos de pruebas de las maléficas bombas H.

Sé lo que vas a pensar cuando escuches lo que te voy a contar, pero es algo que desde el momento que llegó a mis oídos me hizo meditar y desconfiar.

Muchos piensan que la guerra atómica no es algo nuevo, que eso ya ha existido y ya lo hemos sufrido. Es una idea que me ha fascinado desde el primer momento, y son varios los que la defienden.

¿Cuántos? Pues muchos ¿qué te parece si te digo millones y millones de personas? Sí, tantas. Pero no aquí, sino en la India, en una cultura donde se respeta muchísimo más la historia, la memoria.

Ellos no son como nosotros, conservan escritos de más de 5.000 años de antigüedad que cuentan historias sucedidas miles de años atrás.

Estas historias no son mitos, son relatos donde se describen personajes que existieron en tiempos remotos. Los protagonistas, se asegura que fueron reales y con el tiempo se han convertido en dioses sagrados para su cultura. Sus historias no tienen parangón en el mundo de la literatura de aquellas épocas.

Si quieres que diga un nombre, te diré Mahabaratha que significa La Gran India, ya que Barata fue el gran rey fundador de Bhárata-varsha, como se le llama a la India actualmente en el idioma Indi. Barata también era el hermano de un gran héroe de este país, Arjuna, pero eso lo tenemos planeado para próximos viajes. Lo prometido es deuda.

¡Aquí viene lo bueno y agárrate al asiento porque las turbulencias no son pocas! Estos relatos, narran guerras sucedidas en épocas anteriores al 8.000 o al 9.000 antes de Cristo. En algunos párrafos, la crudeza de las batallas llega a cotas inimaginables incluso para nuestra época.

Yo he leído ese texto y tan sólo te puedo afirmar que por lo que cuentan en ellos, y sobre todo por cómo lo cuentan, dan a entender que se enfrentaron realmente a los efectos primarios y secundarios de una guerra atómica, nuclear.

Sé que suena imposible, lo sé, pero recuerdo un párrafo, que nunca olvidaré:

«Era un solo proyectil cargado con toda la fuerza del universo. Una columna incandescente de humo y llamas brillante como diez mil soles se elevó en todo su esplendor… Era un arma desconocida, un relámpago de hierro, un gigantesco mensajero de la muerte, que redujo a cenizas a toda la raza de los Vrishnis y los Andhakas… Los cadáveres quedaron tan quemados que no se podían reconocer, se les caía el pelo y las uñas. Los cacharros se rompieron sin motivo, los pájaros se volvieron blancos, al cabo de pocas horas todos los alimentos estaban infectados… Para escapar del fuego los soldados se arrojaban a los ríos, para lavarse ellos y su equipo»

Era algo así, creo recordar, pero me dejó consternado. Ya me entenderás, esa familiar forma de expresarlo tan actual.

Te juro que a pesar de todo lo que estás viendo en el viaje, soy un tío sensato, quizás demasiado complejo pero con los pies en la tierra, bueno, en ocasiones paramos, ¿no?

Si el lenguaje de estos textos me parece familiar, es porque me parece un texto salido de un guión de *El Día Después*, una película Inglesa de los 80. Todo lo que allí cuenta, son cosas que pasarían si de verdad sucediese algo así en nuestros días, dando todo lujo de detalles, sólo que tanto lo ocurrido como el propio narrador pertenecen a épocas tan remotas, que aunque la ciencia oficial tratase de encontrar pistas o restos que nos pudieran dar alguna prueba, nunca daría con la respuesta.

Por eso tantos y tantos palos de ciego histórico, quizás por eso tantas y tantas construcciones imposibles, tantos objetos anacrónicos... En definitiva, tanta controversia entre unos y otros.

¿Sabes que hay quien piensa que fueron los extraterrestres? Y no niego esa posibilidad en el pasado, pero sinceramente me hace mucha gracia, ya que sería menospreciar el valor humano.

Ya hemos comentado que el 75 por ciento de las especies terrestres desaparecieron, se extinguieron, pero ¿qué fue del hombre? ¿Cómo sobrevivió? ¿Sobrevivió?

Pregunto si sobrevivió, porque desde luego, no sobrevivieron todos. Otro tema interesante, el Cuello de Botella Genético, mi querido Sancho.

Me refiero con esto a que en la antigüedad, existían numerosas razas y especies, muchas más de las que hoy podemos encontrar caminando por nuestra pequeña esfera celeste.

Hablo de otras familias genéticas, otras ramas evolutivas salidas de quién sabe si del mismo mono.

Hay contradicciones y no queda ni mucho menos claro, dónde están nuestros auténticos antepasados de sangre.

Ahora hemos descubierto que el antiguo Nearthental, quien se pensaba vencido y derrotado por un hábil y ágil Homo Sapiens venido de las tierras del Sur, en verdad, sigue viviendo dentro de cada uno de nosotros, de la mayoría del planeta, exceptuando unas poblaciones de Sudáfrica, carentes de su aporte hereditario.

¿Qué pasó con todas las demás, si es que hubo más? Sí, las hubo, pero desaparecieron. Cuando ocurrió la Gran devastación llegaron a su fin, a su último período de existencia, a su último aliento.

Ése, querido amigo, es el cuello de botella, donde se explica cómo después de una gran extinción sólo sobreviven unos patrones genéticos, en ocasiones por sus aptitudes físicas y su adaptación, en ocasiones por la mismísima suerte.

Y una pregunta se va forjando: ¿quiénes? Existirían algunas especies que aún no conocemos, sin duda. Por supuesto.

Esta es una época interesante para vivir en el mundo, no cabe duda, estamos descubriendo, a raíz de nuestro despertar cultural y tecnológico, un sinfín de conceptos nuevos que modifican nuestra propia manera de pensar y a nosotros mismos.

Bueno, a nosotros y a todo, ya que al menos algún día espero que aprendamos a respetar y respetemos. Conservo esperanzas, aunque no me lo imagino. Te lo dije, tengo muy poca imaginación.

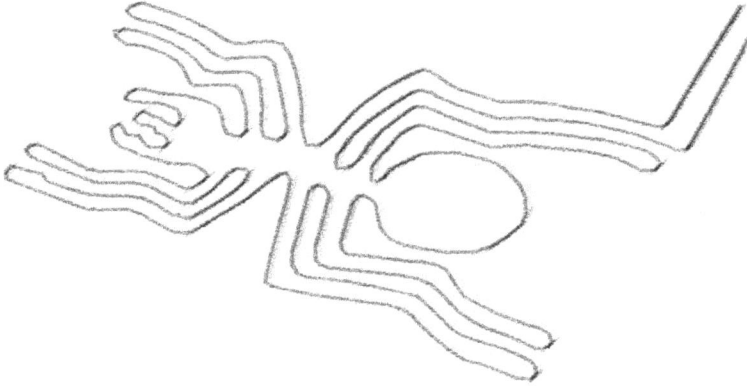

CAPITULO V

ARROPADOS POR LA SELVA

¡Mira! ¡Acre! ¡Ya hemos llegado! ¡Al fin! Se me hizo largo, tengo ganas de ver a mi amigo.

Sí, sí, los símbolos, eso lo veremos mañana, una larga noche nos espera.

Bajamos, 1.000 pies, 900, 800… Ha refrescado un poco, está anocheciendo y es mejor que aterricemos ya. Esto es Brasil, puede ser peligroso.

Encontrada la pista orientamos y seguimos bajando, este pueblecito te va a gustar.

Nos acercamos. Sólo un poco más y ya estará en tierra. Tranquila Deisy, yo te cuido.

Pista de Acre, Brasil.

¡Sí, tierra! Te lo dije, si es que estoy hecho todo un piloto, como tú. Eso es algo que demostrarás tú mañana.

Recoge tus cosas, esta noche la pasamos aquí, con nuestro amigo «Ayahu» que me está esperando.

¿Quién es? Pues un amigo que te va a hacer pasar una noche loca ¡loca!

¡Cuidado al bajar! ¡Vaya, otra vez ese niño!

Vive aquí, es el hijo del dueño de todo esto. Sí, es el dueño de toda esta hacienda. Como puedes apreciar, la pista, los terrenos… Hasta el bar y las cuatro casas de ahí son propiedad suya.

No, él no es Ayahu, Ayahu es un amigo de digamos... «Diferente condición».

No, no me refiero a que sea pobre, no. Dejemos las cosas en el hospedaje y te lo presento, se despejarán tus dudas. Bueno, tus dudas y todo lo demás.

El niño nos ayudará a cargar las maletas ¿qué tal chico? Es bastante callado. Es él quien lleva estas cosas, lo tienen aquí de pinche, botones y hasta dependiente del hotel. Como ves, el hombre vive bien; su hijo, no tanto.

Por lo menos las habitaciones fueron casi tan baratas como los frijoles, espero que no ardan como mi estómago esta tarde.

Casas en Acre, Brasil.

¡Vamos! ¡Ese es el bar que te digo! Ya ves que aquí se puede cruzar la calle sin siquiera mirar. Qué pena de botas, con esta llovizna nocturna, no escapan al barrizal.

Bien, está casi vacío, exceptuando a ese viejo de ahí, creo que es el abuelo.

— ¡Buenas noches! Vengo a por la bebida de siempre, — la que aquí no tiene—.

¡Si, calla! Déjame, yo sé lo que hago, ¡Síguelo! Hacia la parte de atrás del bar; sí, hay un camino.

¿Esto? Esto no es nada, llegaremos en un momento. Al fondo ¿ves? Hay una caseta con una luz.

El camino es estrecho, sigamos en fila, el viejo sabe por dónde pisar por estos campos de noche.

Estamos ¡entra! Sí, es una sala de dos por dos, pero para nosotros tres nos llega.

Tú confía en mí ¡no tengas recelo Sancho! ¡No te vamos a violar! ¡Mira a este pobre hombre, por Dios! ¡Que ni levanta el botijo con los dos brazos!

Sentémonos a lo indio, mejor dicho en flor de loto achaparrada, porque después del viaje, tengo el trasero como un tablón.

No, este señor no es mi amigo. Mi amigo es lo que trae y prepara este señor: «Ayahu», Ayahu-asca, un alucinógeno, un tanto potente.

Su renombre mundial lo acredita: La Soga del Muerto, me encanta.

Lo sé. No quiero hacer apología de las drogas, pero hubo un tiempo en el que fueron algo espiritual, algo sagrado; algo, si es que es posible, controlado.   Se tomaban en dosis administradas sólo por una élite de peso ético y religioso: los chamanes.

¿Este señor? Si, este señor es uno de esos y el niño... (Mira tú, él mismo que ahora entra por esa puerta) es su pupilo, su aprendiz.

Llevan preparando esta droga desde hace milenios, y nunca ha pasado nada, al menos que se cuente. Siempre ha de tomarse con esa «tutela» tan necesaria según ellos afirman.

Respetando y no despreciando las viejas costumbres, que no infringen dolor a nadie, que no limitan la dignidad de nadie.

Este alucinógeno es una de ellas y viajar con la mente, su propósito más destacado.

Muchos sabios y hombres poderosos han pasado la noche dentro de la mismísima Gran Pirámide de Egipto, como Napoleón y Alejandro Magno. Lo hicieron para demostrar su valía y como medio para entender mejor otras realidades que nos rodean. Otros han cruzado mares y observado estrellas; todo con tal de comprender mejor el otro lado que cada uno lleva consigo intrínseco en su personalidad.

De eso va esta soga, una liana de la que me pienso colgar una vez más. Tengo muchas preguntas que hacerle, muchas cuestiones que resolver.

Necesito ascender a otro plano mental, desenfocar mis sentidos para interpretar algo que llevo en la cabeza desde hace ya cierto tiempo. Ese tiempo que transcurrió desde el momento que hice mi gran descubrimiento de Nazca, del Gran Plano de Nazca.

Llevo muchas noches desvelado, me importa, y mucho. No sé, a veces pienso que me he obsesionado con el tema, que desde que llegué allí, nunca más he vuelto a salir. No he salido porque mi mente ni un momento ha dejado de pensar, ni un momento de calcular, de medir, de observar.

Tantas y tantas noches dejándome la vista, intentando interpretar unos planos demasiado sofisticados para que la mente de un humano de hoy en día los pueda descifrar. Tan complejas que un Cartógrafo del mundo como yo no entiende cómo unos hombres antiguos, atrasados, podían pensar así, llegando a meditar hasta ese punto de complejidad técnica.

Pero aún no es hora de hablar de eso, mañana me llevarás hasta allí, a mi querida Nazca. Allí te esperará mi mente, ya que pienso adelantarme.

Hoy, intentaré exprimir mi cerebro, acelerar mi mente al máximo para intentar descifrar el enigma, un enigma que me hará ganar una apuesta.

¿Qué? ¿Te decides a probarla? ¡Venga! ¡Confía un poquito, Sancho! Desde luego, sabiendo lo que allí vas a ver, no te vendrá de más ir descolocando tu mente, algo que Nazca consigue fácilmente.

Bien, el chico trae los timbales ¡empieza lo bueno!

Te comentaré algo: al final de cada ingesta el chamán (este señor), nos contará un secreto sobre su tierra, al que sólo podremos acceder si estamos en un correcto estado mental y así poder entender cada grado de la realidad.

A cada ingesta, mayor grado de profundidad en la información, mayor contundencia.

El chico toca bien, le da un toque místico a la luz de las velas.

Ahora el chamán entonará un cántico al que nunca le he sacado ni jota, nunca lo he entendido, pero parece que es su lengua indígena, lo deduzco de su raza claramente de pura cepa, desde luego, y esos pelos negros lisos como tablas son inconfundibles.

¿Te atreves?... Uno, dos, ¡Ya! Lo sé, es muy amargo. Tranquilo.

Acabamos de empezar, es la hora de la verdad. Ahora comienza a hablar como yo sé, en portugués antiguo, te lo voy traduciendo por si no lo coges.

Dice que ellos son los hijos de un pueblo, que no son propios de allí, que vinieron de lejos.

Dice que hace mucho tiempo hubo una gran inundación en sus tierras y que por eso las tuvieron que abandonar.

El chico sigue tocando ¿y si le viene gente al bar? Aquí lo dudo.

¿Notas algo? ¿Mareo de estómago? Eso es lo normal, lo mío sí que no lo es después de esos frijoles ¡menuda mezcla! Frijoles, chicharrón y ¡ayahuasca!

Segunda ingesta... uno, dos, ¡ya!

Bien, el viejo va a hablar. Dice que en aquel momento muchos tenían barcas, pero otros no tuvieron donde refugiarse.

Cuenta que algunos tenían «barcos que volaban», que otros muchos llegaron desde lejos por los cielos en sus «azules lanchas».

Relata que montaron a cuantos pudieron hacerlo y otros los seguían por mar, teniendo cuidado los del cielo de los que con el océano se batían.

¡Increíble! ¿Pero de qué habla? ¡Esto sí que es una historia! ¿Ves? Algo tiene que haber de verdad. No te lo crees

¿no? Para ti todo son fábulas, no puede existir un recuerdo que al menos conserve alguna propiedad «literal».

Tercera ingesta, ¿cuánto tiempo llevamos? ¿Una hora ya? ¿Cómo ha pasado todo este tiempo? Acabamos de perder una hora de las dos que ganamos en los bermudas. Míralo por ahí.

Bien, el chamán dice que eran miles, que llegaron y fundaron pueblos donde no solo estaban ellos sino muchos otros, de otras razas diferentes las cuales vivían en armonía, dominando la tierra, el conocimiento y el espíritu.

Cuenta que algunos trajeron sus «saberes pasados», los pocos recuerdos que habían conseguido salvar de la destrucción y el olvido. Juntos organizaron un nuevo replanteamiento mundial, recolocando a la gente por zonas, puesto que las antiguas, las más frecuentadas por los humanos, yacían bajo las aguas.

Huyeron a las montañas donde conservaron esos valores y el recuerdo de ser los hijos de un pueblo padre, que dominaba el cielo y la tierra, un pueblo donde sus antepasados sabían cosas que ya no recuerdan.

Cuarta ingesta. La última ¡no puedo más!

Tú lo estás aguantando mejor que yo, que estoy aquí medio retorcido ¡Uf, Como estoy sudando!

El golpeteo del chico hace que en ocasiones me guste y en otras me encantaría tirarle ese cacharrito a la cabeza.

El chamán va hablar: su pueblo siguió viviendo allí por los siglos, pero hubo problemas y acabaron estallando guerras.

De todas las razas y pueblos combinados que vivían allí, tan sólo algunos poseían un mayor poder, eso acabó por no gustar al resto y desencadenando conflictos.

Una de las razas que tenía este problema era la blanca, que si bien había reinado al principio con sabiduría en sus tierras, luego perdió los valores que un día le caracterizaron por ser pueblo culto. Había otras etnias, de tez oscura, y otra de ojos tan rasgados que hacía difícil distinguir su color.

Esas diferencias fueron las que llevaron a ir acorralando más y más a los pueblos de estas gentes, a las razas minoritarias, diferentes, distintas, difíciles de ocultar. Un día desaparecieron los últimos que quedaban pero aún en el fondo de la selva, en lo más profundo, se cuenta que se esconde una ciudad, la cuidad del principio, el lugar donde llegaron y fundaron el nuevo orden, un nuevo imperio.

Esa ciudad sigue allí, con sus otras hermanas «ciudades perdidas», escondidas a los ojos del hombre.

Sancho —esta historia es increíble— ¡qué buena! Pero ahora es el momento, creo que debes callarte un rato y dejarme pensar.

He de despejar mi mente, he de irme, luego hablaremos, dame una hora de tu tiempo, lograré volver con una respuesta y te lo aseguro, esa será la correcta.

Vuelo a Nazca...

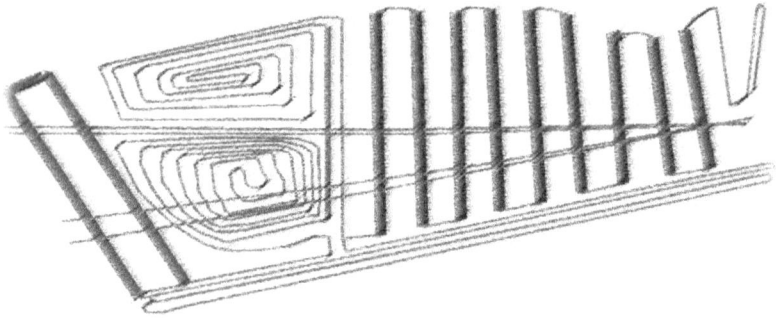

CAPITULO VI

COMPRENDIENDO EL MENSAJE

Líneas. Por mis ojos pasan geometrías, no sé cómo interpretarlo, pero lo intentaré, no soy un montañés de los que se echan atrás con las montañas más altas. ¿Qué son? No lo entiendo, no son exactamente líneas, no. No sólo son eso, son algo más, algo más complejo.

Brotan las imágenes plasmadas en mi mente, tan sólo tengo que entender, comprender, asimilar lo que allí se guarda, una información privilegiada digna del mismísimo dios Inti, adorado por los Incas. Grabadas a fuego, las veo salir. Sé que lo entiendo, pero aún no: tiempo muerto.

¿Qué locos geniales crearon esto? No caigo ¿Por qué tanta complejidad en su diseño, por qué? Debo ganar una apuesta, ahora he de entenderlo, dejar la mente en blanco y comprenderlo, ¿es tan difícil?

Vuelo por Nazca. Mi mente sigue en blanco. No logro despertar, tampoco quiero, no sin antes llevarme algo conmigo. No soy capaz de entender cómo unos hombres tan arcaicos consiguieron tal grado técnico para indicar algo, no comprendo el funcionamiento de esa mente. Miro esta delineación y no puede ser: es más indicativa, mucho más precisa, más recargada, más detallada, más, evolucionada…

Por todas partes veo flechas, líneas, jeroglíficos…Está diseñado sin un modo aparente que desafía a la lógica de cualquier experto en cuanto a planos se refiere; pensaba ser uno de ellos, me creía grande, muchos años dirigiendo, discutiendo, calculando. Pero no, esto vas más allá de mí, más allá de ningún técnico ¿por qué? ¿Cómo? ¿Pero esto existe de verdad?

Sí existe y seguirá existiendo. Todo, o parte de él seguirá ahí cuando yo muera, cuando ni yo, ni ninguno de nosotros existamos. Todo esto tiene un porqué, un para qué, un cómo y un cuándo, pero lo del cuándo no me cuadra, al menos dentro de la historia que nos cuentan, no sé como digerirlo, no es de este mundo; me refiero al nuestro, al de hoy. Lo veo y es lo que creo, lo que siento, es diseño técnico llevado al extremo, demasiado coherente, demasiado frío como los planos de un arquitecto que no existe, un ingeniero con una mente privilegiada, más allá del conocimiento y de las habilidades de la mente actual. Quizás ésa sea su verdadera función, quizás indicar era su finalidad, quizás comprender esto puede significar mucho, puede que demasiado.

No, no es como lo cuentan. Esto es algo diferente, algo muy lejano a lo que se piensan, algo más importante, un ingenio prodigioso, algo más grande y delicado de lo que ninguna mente hubiese ideado jamás, algo más allá de la habilidad de los simples mortales que caminan hoy sobre esta tierra, algo poderoso, fuerte, invencible, algo que sobrepasa todas las fronteras de nuestras posibilidades mentales y técnicas. Pero ahí está, delante de mis atónitos ojos y no se va. Debo descifrarlo, todo esto tiene un significado, un objetivo, una finalidad que alguien un día hubo de utilizar; algo para alguien que lo necesitaba mucho, demasiado como para crear una obra de tal perfección técnica, funcional, no artística.

Veo figuras, diseños simples, hay muchas diferentes pero iguales, como diseñadas por el mismo patrón. Están ahí, testigos mudos de un escenario clavado en el tiempo ¿qué decís vosotros, rostros del silencio? Contadme vuestras andanzas, vuestros secretos, decidme quién fue vuestro maestro, quién os diseñó como guardianes perpetuos de esas largas vías, de esos grandes puentes hacia el infinito, hacia otros lugares; flechas que conducen a otras lejanas tierras perdidas al ojo del cielo.

Llevo pensando horas, horas volando y no doy con la respuesta. Todo es difícil y demasiado sofisticado para una mente tan simple como la de este vulgar piloto aunque pensaba que no. Pobre iluso, solo ante la omnipotencia del plano de

Nazca. Indicadme pues, figuras, indicadme a dónde ir en este imposible plano para llegar a mi destino. Llevadme por la dirección correcta con el fin de resolver este misterio. Dadme la información de cuánto me falta para alcanzar mi llegada y desvelar este enigma de una vez por todas. Habladme, señoras del invento, el gran invento de Nazca.

Decidme por dónde debo ir si quiero llegar hacia vosotros, testigos del tiempo; contadme desde dónde tengo que partir, hasta dónde debo avanzar y por dónde me debo guiar si no me quiero perder en la búsqueda de la verdad, mi confinamiento, mi tormento.

Contad, decid, hablad, no perdamos más tiempo, reveladme todo lo secreto, todo lo guardado, todo lo callado. Vosotras, figuras de la pampa, vosotras que queréis ser desveladas, decid. No me dejéis sólo, sólo en este gran plano, el gran plano de Nazca, el mayor plano del mundo.

Debo dormir, no puedo más. Creo que mi amigo está durmiendo, hace horas que no abro los ojos. No lo sé, podría estar con el avión ya en Nazca si se lo hubiese propuesto, qué más da.

Muchos otros antes que yo se han enfrentado al gran misterio de Nazca, han luchado contra la bestia, la gran bestia, la inmensa. ¿Quién soy yo, pobre inocente, para intentar doblegar a la diosa madre, la diosa tierra? Estoy aquí, me siento aquí, en Nazca. Respiro su aire, observo la luz de su gran pampa, solos yo y el desierto.

Desconozco el motivo, la causa, ya he olvidado todo, hasta quien soy. Dejo atrás mi identidad. Mi personalidad abstracta absorbe todo mi ser. Nazca y yo, volamos juntos.

Lo siento, soy yo mismo quien las hizo, quien las contempló, quien utilizó ese gran plano y consiguió regresar, quien sabía dónde estaba y cómo alcanzar la tierra soñada, el que las ejecutó y mandó cortarlas, el que ordenó acotarlas.

Lo sé, lo vivo, lo entiendo y no sé cómo pero es algo más que haberlo entendido, es tenerlo en mi mano, como si de un juguete en manos de un crío se tratase.

Sé que es arrogante y no debería, es, la gran bestia de Nazca, estoy loco, no puede ser, imposible, despierta Charlie, ¡vamos!

Tal vez sea demasiado para mí, demasiado esfuerzo para entender algo que puedo comprobar luego. Mi mente se cierra, todo se oscurece, voy a perder el conocimiento. Tengo la respuesta, lo sé.

¿Qué? ¿Qué pasa?, ¡Dios! Estoy aquí, en Brasil, con Sancho, sigues ahí ¿me estabas mirando? ¿Todo el rato? ¿Y tú? ¿Cómo estás? Me duele la cabeza, mi estómago arde, ¡Qué momento! No soy capaz de encontrar una postura en la que no me maree. Sujétame, quiero ponerme de pie, todo parece salido del libro de Robinson Crusoe ¡Dios, es cierto! Brasil y tú también.

Tan sólo tengo que dar dos pasos hacia la puerta, hay mucha luz ¿Qué hora es? Qué más dará si yo no tengo hora de llegar a casa ¿has oído Sanchito, mi buen amigo Sanchito? Solo dos pasos. Mi nombre es Charlie y miro-hacia-el-suelo-para-no estamparme, ¡eh! ¡Se mueve el suelo! ¡Suelo, no te muevas! ¡Pero Sancho dile algo, se mueve!

Sí, sí, agárrame porque no estoy yo muy fino. Tranquilo amigo Sancho. Escucha ¡oye que me lavo a diario, hombre; no pongas esa cara! Pareces preocupado ¿Sabes Sancho? Me caes bien, eres un buen colega de vuelo ¡Sí, ya lo he dicho! ¡Ya lo he soltado! Lo sé, yo siempre aparento que me caes petardo, lo sé, pero es mi papel, amigo ¡Es mi papel! En el fondo me caes bien, hombre. Eso, vamos. Si, por donde vinimos ¡Claro Sancho, por Dios! Uf, me siento como aquella vez que fui al parque de atracciones, ¡jajá, menuda borrachera de licor del bueno!

Pero no entiendo, yo estoy destrozado, no comprendo como tú me llevas a mí, estás perfecto. No puede ser, es imposible que seas capaz de aguantar tanto. Ni tú ni nadie. Crucemos.

¿Cómo? ¿Qué te he cogido? Explícate, no te comprendo. A mí, las cosas sencillas por favor ¡Mira cómo estoy!

¿Qué, que has hecho qué? ¿Que no la-has-tomado? ¡No, no puede ser, si te he visto! Si estaba contigo ahí, con el viejo. El viejo, el niño, los tambores... Huy, aquí tengo las llaves de las habitaciones. Me vuelvo a marear.

¡No! Sancho eres un mentiroso ¡Cobarde! ¿Por qué? ¿Cómo?, ¿¡Pero qué me estás contando!?A ver, de veras, estoy muy cansado, llévame hasta mi puerta, menudos escalones, ahí es y te diré algo, menudo cambio de guión me has creado aquí, a ver cómo arreglo yo esto. Bueno, me voy a dormir, estoy confuso. Hasta que me despierte.

Sancho ¡despierta holgazán! Ha llegado tu hora, creo que tengo buenas noticias para ti. No, no, la apuesta no la has ganado, todo lo contrario, pero creo que te va a compensar ¡levántate y vámonos! Te espero en el «hole» o mejor dicho, la tasca esa tomando un café carioca y a ver si me dan algo de comer, un plátano de ahí al lado aunque sea.

¡Sancho! ¡Baja las maletas! ¡Eh! ¡Estoy abajo! Hay un coche que nos espera.

Te presento a otro amigo. Es Pedro, un buen hermano de Ayahuasca, de la zona ¡nuestras buenas noches! ¿No es así, Pedro?

¡Pero sube, no te quedes ahí! Tenemos una hora para disponer de este señor que está muy ocupado ¿No, Pedro? Es el padre del niño de ayer ¿Te acuerdas?, ¡Ay Peter! ¡Qué bien se va en estos descapotables antiguos! ¡Qué gusto ver el cielo! — Mejor que en la avioneta— ¿no? Bueno, es otra cosa.

Cuéntale, Pedro, lo que dicen los viejos del pueblo. Ayer hablamos con tu padre, Sancho se quedó impresionado. Si, él no está acostumbrado mucho a los ritos brasileños, es de allí,

¿sabes? De donde tienen la ciudad, como en Sau Paulo. Igual, bueno, incluso peor. Tienen un frío... En casa todo el año y mírate tú, en camiseta todo el día. Se vive mejor ¿no? Si, se vive mejor ¡Mira Sancho! ¡Mira el tamaño de esos árboles! ¿Crees que a ellos les importa el paso del tiempo? Pues sí, incluso a ellos les atrapa, tan inmensos, dominando todo lo que les rodea. Ellos ordenan, grandiosos, descomunales. ¡Qué casas! Mejor dicho ¡Qué ciudades de mundos de vida a raudales, lianas, hojas, nidos, ruidos, vivos...! Todos vivos!

Camino por la selva de Acre, Brasil.

Toda esta vasta e ingente agrupación de existencias comunes, afines, implícitas, llevan la vida y sin la vida, no son nada, no están, no existen, son lo que es la existencia del que está en el ahora, no en el antes, ni en el después.

A estas inmensas colonias también les llega su fin. Esto me hace pensar cuan frágil es la vida, cuan frágiles somos y me aporta una gran enseñanza: que quien se encuentra en el ya y en el ahora es el heredero y poseedor del mundo, el protector de la tierra, guardián custodio del paraíso para las próximas generaciones de Eva y de Adán.

Para ellos está hecho el mundo, para nosotros en el mañana y para que todo eso ocurra (cosas como las que hemos visto al venir aquí) han de terminar. Zonas de bosque sin utilidad, sin vida porque el mejor, el único uso que hay que darles, es el que se merece: ser selva, la santa selva que nos da qué respirar.

Pero no me voy a poner espiritual ¿no, Pedro? ¿Qué? ¿Nos falta mucho? ¡Ah, vale! Es aquí, ¡Bajemos! ¡Mira eso Sancho! ¡Mira qué surco! ¿Ves? Si, parece una zanja de tierra y hierba ¡pero mira hasta dónde llega! Es profunda y estas elevaciones laterales reafirman más el desnivel ¡Sí señor! Una buena técnica, válida al menos. Sigamos por aquí, tú síguelo a él que no se pierde. Cuidado con los bananeros.

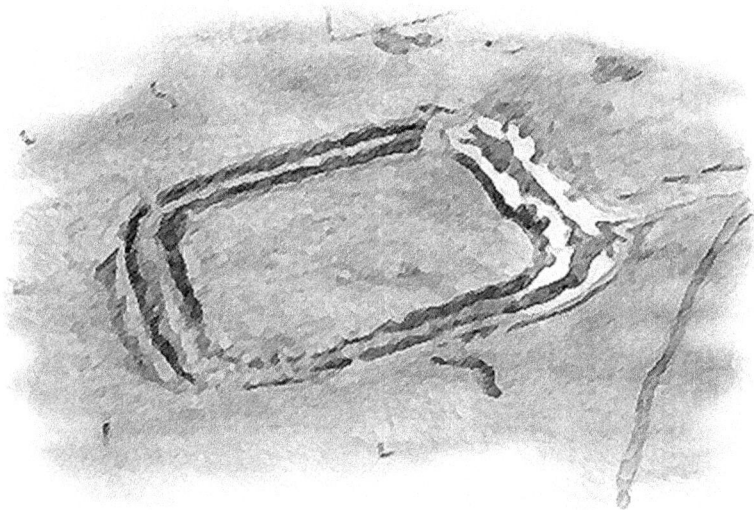

Figura en Acre, Brasil de 140m de lado.

¡Aquí sí lo veo Pedro! ¿Ves Sancho? Aquí tuerce. Sí, va hasta allá a lo lejos ¿A cuánto Pedro? A 100 metros sí, a cien metros llegas hasta el otro cruce, ¿no te das cuenta? Estás en un inmenso cuadrado, un rectángulo grabado hace miles de años ¿No es así Pedro? Sus bisabuelos ya los conocían como los signos del pueblo perdido, aquella gente de la que nos habló su padre. Su padre nos contó ayer todo eso en el rito ¿Todo es verdad, no? Ustedes no dudan de que eso fue así, lo recuerdan como algo cierto, algo que les pasó a sus antepasados realmente. Si ustedes lo dicen desde luego que nosotros no seremos quienes les lleven la contraria. Los padres han hablado, nosotros escuchamos, mensaje recibido.

Volvemos. Después, en el avión hablaremos de cómo me has engañado para no tomarte el vaso, jajaja.

De camino nos puede comentar algo que no sepamos ¡Ande Pedro! Le prometo que la próxima vez que venga le traigo uno de esos posters que tanto le gustan ¡Ah, que ahora se los descarga en el Ipod! ¡Bien! Entonces le pago una suscripción durante tres meses. Díganos algo ¡Vamos Pedro!

¿Cómo? ¿Existen ritos que no nos han contado? ¿Sus padres, los ancianos qué hacen? Ah, dice que se van todos al bosque y se reúnen en luna nueva ¿Por qué? ¿Qué rito o baile extraño realizan? ¡Ah! El de los hombres alados. Cuenta que hay algunos que lo hacen. No son muchos los que poseen este secreto. Lo realizan todos los años ¿No? En cada fecha señalada ¿Para qué? ¿Para recordar? ¿Para no olvidar? Si, debía habérmelo esperado, otro recuerdo más intentando no ahogarse en el mar que es el olvido, respirando sus últimas gotas de aire antes de desaparecer. Como un grito, como Nazca, una llamada de auxilio desde la antigüedad.

Por eso, Pedro, aquí estoy llevando a mi buen amigo, por eso pienso ir a Nazca, para ganar una apuesta con el señor que va detrás. Sí, no me mires así.

Conduciendo por estos parajes exóticos Pedro, pareces un actor salido de las películas del Hollywood de los años cuarenta —esas— con estos coches y esos sombreros.

¡Todo un señor Pedro, como siempre! ¡Sí, déjenos aquí! Ya vamos nosotros por las maletas, puede irse y gracias de parte de los dos, ya ve que él me debe otra visita. Volveremos, ¡Un abrazo Pedro!

Buen hombre este Pedro, me gusta su coche, tiene clase, es un Packard de los 50 ¡Vamos!

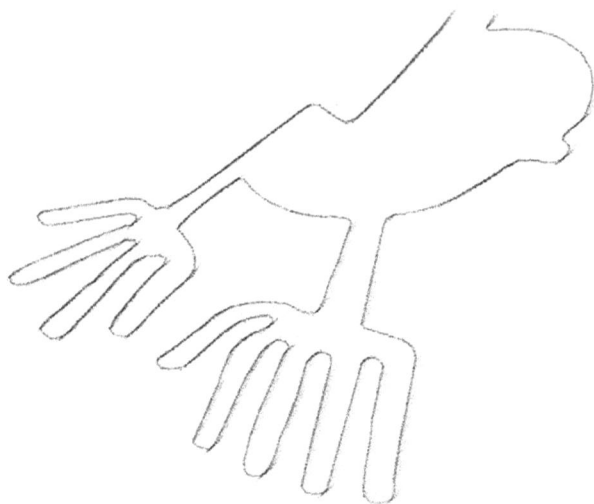

CAPITULO VII

RECOBRANDO EL SENTIDO

Lleva las maletas y súbelas al avión. Por ahí detrás, ¡No! ¡Cuidado con esa caja de zapatos!, —es muy importante para mí— contiene datos importantes.

Encendemos el avión y lo conduzco hasta la pista, no es muy larga pero bastará, lo que me importa es lo mal que la tiene este hombre pero me gustó el coche ¡qué cochazo!

Nos elevamos, ¡vamos Deisy! ¡Vamos niña! Perfecto, como siempre. Hoy está más nublado que ayer pero hay claros. Bonito día para mezclarse con las nubes.

Figuras de Acre, sólo apreciables desde el aire.

100 pies, 200 pies, 300... Cerquita, las nubes. Rayos de sol entran por la ventanilla calentando la cabina, aire cálido que eleva el avión y hace más sencillo el remonte. Vamos a ver los glifos ¡ahí está el que acabamos de ver, es enorme! ¡Allí hay otro! Este es circular, hay alguna figura también, esto ya me es familiar. ¿Por qué? Sencillamente porque esta técnica la llevo viendo por todo el mundo, sólo que aplicada de formas diferentes; te explico: en todo el planeta existen figuras que tan sólo se pueden ver desde cierta altitud, es decir, que son tan grandes que si las miras desde el suelo pierdes toda perspectiva del diseño. Son como las esferas, las que ya te comenté y que visitaremos algún día de éstos. Parecen creados con un único fin, una única misión, la de indicar a quien volaba y no me preguntes quién volaba en la antigüedad, por explicarte eso tuve ardor de estómago por todo Bogotá ¡que suplicio!

Por cierto ¡menuda me has hecho con no tomarte la droga! Has sido listo, te felicito. Te veo más cuerdo que yo mismo, es un buen motivo para llevarte en mis viajes. Tú «Scully» apalias el «Mulder» que llevo dentro. Ese saber estar te dignifica, pero si quieres que te dé un consejo ,mi querido Sancho, guárdatelo, a donde vamos no nos hacen falta tus límites, nos sobran tus miedos, tus prejuicios porque al «Gigante Durmiente» le importa poco lo que creas, lo que supongas, lo que te enseñasen tus maestros petulantes porque ese guardián del obsequio de nuestros padres existe aunque tu mente no sea capaz de admitirlo, aunque tu inocente arrogancia lo niegue de su propio propósito: ser visto, ser leído, entendido.

500 pies, inclinando hacia la derecha, torcemos directos hacia el oeste, hacia tierras peruanas, estamos entrando en el territorio del vasto imperio que un día unió Iberoamérica, el Tahuantinsuyo.

Para que lo sepas, el nombre Tahuantinsuyo significa el reino de las cuatro tierras, los cuatro estados. Tahuantinsuyo fue un imperio de imperios. Esos cuatro reinos, los cuatro Suyos, abarcaban una zona de 2 millones de kilómetros cuadrados entre el océano Pacífico y el río Amazonas y gozaban de todos los climas que América, desde el centro hasta el sur, les podía ofrecer.

Primero veremos los misteriosos reinos del este, del Antisuyo, tierras propiedad de la majestuosa y escarpada dorsal americana. Juntos sobrevolaremos el tan afamado Machu Pichu, desde esa mañana en que Bingham hiciera su primera fotografía para los periódicos de los años 20.

Estos reinos fueron poderosos, infinitamente ricos, desbordantemente sabios; fueron los soberanos porque conservaban un saber que ya ni ellos mismos podían asimilar. Guardianes custodios de un secreto que ya no podían contar, una llamada que nunca podría ser atendida, un grito sin sentido, una solicitud de socorro que ya nadie respondería jamás.

Entramos, luego nos espera un trozo del Coyasuyo, las grandes faldas del sur, ellas nos arroparán hasta llegar a la frontera de los dos reinos del oeste: el Contisuyo y el Chinchasuyo, aquel que fue el reino del norte.

¡Pero vamos! No hay tiempo que perder, allí nos aguarda Nazca, detrás de esas cumbres; pero antes hemos de elevarnos, los Andes nos anuncian la llegada al reino de los cielos, al mundo de las alturas. ¡Allá está, es Waia Pichu! Subamos más, 5.000 pies, nos mantenemos, volemos a Machu Pichu, ahí vemos las construcciones ¿sabes? Esta montaña recibe el nombre de montaña vieja, a saber «quiénes» fueron sus primeros ocupantes, si Pachacútec, el gran rey inca o los mismos que ellos aseguran vivieron en sus mismísimos principios, los hermanos Ayar, una familia no menos mítica que el mismísimo dios Viracocha. Disponían de armas con truenos capaces de destruir montañas a su voluntad. Pero todo eso se ha perdido, en próximos viajes iremos en busca de esas pruebas, de momento, el misterio.

Machu Pichu, Perú.

Sancho, hazme un gran favor, tráenos un café del termo, les pedí que lo llenaran. Con mucho azúcar, ya sabes. Cuidado con la caja de zapatos, te lo he dicho ya antes ¿qué tiene? Pues recuerdos, cosas. Veo que le tienes cierto interés, así que te lo mostraré, tráela con los cafés y procura no empaparlo todo.

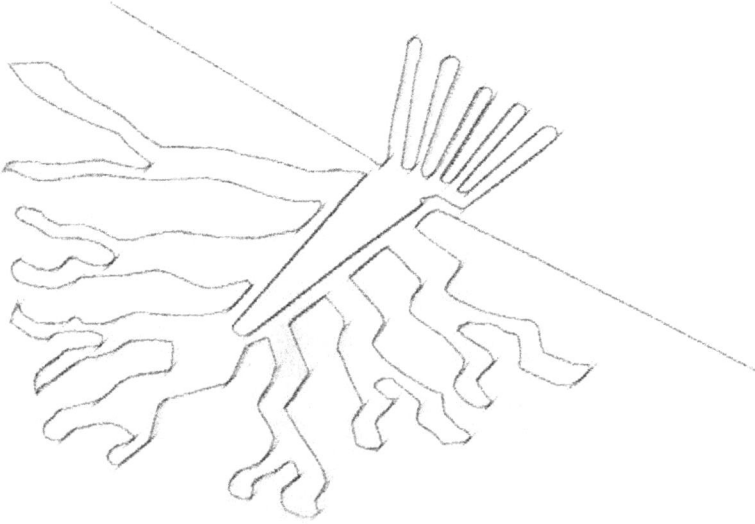

CAPITULO VIII

EL GIGANTE DURMIENTE

Bien ¡esa caja! Eres como un crío, lleno de curiosidad, te vendrá bien para entender la historia del ejército Nazca ¿por qué ejército? Ábrela y verás. Son fotos, fotos de gente ¿esa? Si, esa es María Reiche.

Yo los llamo así, el ejército de Nazca, los grandes guardianes que lucharon y luchan contra la gran bestia peruana, el mayor galimatías del mundo. A ellos les debemos en gran parte la conservación de ese plano, de ese monumento a la creatividad del ser humano.

Mis fotos preferidas.

Si te fijas en la foto ella está con un hombre, su nombre es Paul Kosok, él fue quien la introdujo en la gran batalla, quien le metió el gusanillo en el cuerpo al igual que esta obra hace ahora contigo.

Este llegó en el 39 a Nazca y descubrió por accidente las líneas. Él en realidad no iba a eso, estaba realizando un estudio sobre los sistemas de regadío y dos años después mientras continuaba con su trabajo en Nazca, por casualidad descendió por una pendiente de terreno y desembocó en una formación de líneas, donde pudo observar dos inmensos trapecios.

Lo que más le llamó la atención fue que una línea próxima coincidía con la desaparición del Sol en el horizonte. Lo experimentó un 22 de junio, el día más corto del año en el hemisferio sur, curioso, ese fue el día en que ideó su teoría, la teoría astronómica de la cual fue mentor de una Reiche que sabía matemáticas y tan sólo estaba cuidando a los niños de un cónsul alemán.

Al estudiar un pueblo cercano Ocucaje, que se encuentra entre los Andes y el Pacífico, en pleno desierto, supuso que dicho pueblo creó las inmensas líneas con la intención de predecir ciertos momentos del año, es decir, de tener su propio calendario astronómico. Me gusta. Me gustaba mucho esa teoría, no lo creas, ¿por qué lo digo? Bueno, eso vendrá más adelante, cuando lleguemos a Nazca. Pero sigue, sigue buscando.

Mientras, te hablaré de Reiche. Ella no llegó por esas líneas, llegó por causa de la vida misma, como te dije, cuidaba de unos niños y allí estaba sola, sin familia. Ya sabes cómo eran las mujeres de antes, eran de otra pasta, sobre todo las que se han enfrentado a alguna guerra. Es demencial pero curte. Toca madera.

Esta sí que es una historia digna de película: ella en un momento dado, por accidente pierde un dedo de la mano, cosa que le hace tener las recaídas que tendría cualquiera. Cuando llega a una de las figuras que Kosok le había encomendado seguir estudiando, se da cuenta de que había una con dos manos pero que una de esas manos carecía de un dedo, al igual que ella

105

misma. Eso a cualquiera le hubiese sonado a presagio y más en aquellas épocas.

Reiche decidió dedicar su vida, su epopeya, en favor de estas líneas, la mayor lanza arrojada en beneficio de este prodigio por ningún ser humano, por nadie. Por eso cuidado con esa foto, le tengo especial cariño.

¿Qué hizo? Pues barrer las líneas en el mismo desierto para que no desapareciesen, disuadir a los que querían destrozarlas y convencer no sólo al gobierno Peruano sino a la Unesco para que las hicieran patrimonio mundial. Incluso se subió a las patas de un avión para fotografiar desde una mejor perspectiva las líneas y así facilitar su estudio. Increíble: sola, viejecita ya después de una vida de batallas vencidas y aún quedaba en pie el Gigante, ese Coloso que ella tanto admiraba.

Su misión, protegerlas, su pasión, dominar a la bestia, María, la aguerrida María, luchó con Nazca y por Nazca hasta el final. María Reiche es mi gran gigante, mi gran coloso, al cual nunca deberé intentar enfrentarme, ya que sólo por eso juega con ventaja.

Tengo muchas cosas que ver en la vida, no me puedo dejar absorber por la fuerza centrífuga de este huracán que es el gran plano de Nazca. No puedo, pero quiero.

María trabajó mucho sobre estas líneas, la pobre en esos tiempos elaboró los planos más complejos que teníamos hasta la fecha ¿por qué digo teníamos? Eso ya te lo contaré cuando lleguemos, ten algo de paciencia.

A ella la considero nuestra capitana, la que lleva el gran barco que surca los mares del misterio con nosotros dentro, con los protectores de Nazca.

Reiche tuvo sus aciertos y posiblemente sus fallos como veremos, pero siempre aportó datos nuevos, completos, los más precisos de lo que Nazca representaba y te repito, para esa época.

María llegó a conclusiones interesantes, como que ciertos símbolos representaban ciertas constelaciones, lo cual me recuerda a ese famoso Robert Bauval con su representación de la constelación de Orión en los suelos de Guizéh. Una idea preciosa, la representación del cielo en la tierra, así pensaba Reiche que era Nazca.

Llegó a la conclusión de que la construcción de las figuras pequeñas no entrañaba gran complejidad, pero que en el caso de las líneas más extensas, la cosa se complicaba, ella misma no se explicaba el porqué de tanta perfección técnica, sobre todo si era un plano de carácter místico. Dedujo que podía representar una visión abstracta por parte de estos rudimentarios Nazca del pasado, donde hablarían a sus dioses en un idioma que ellos pudiesen entender. Dedujo que conocían la aritmética, lo cual me parece un dato tremendamente relevante a tener en cuenta a la hora de su estudio y de nuestras consiguientes conclusiones ¿no te parece? Como otro dato que nos aportó, que poseían un alto conocimiento de las técnicas topográficas, algo que desde luego, al intentar buscar elementos anacrónicos dentro de la historia humana, tomo como una prueba en primera línea de batalla.

Otra cosa que me fascinó, fue que nos contó que los nazca y la geometría compleja eran grandes amigos lo cual, para un admirador del mundo del diseño, es algo que ya te imaginarás.

Desde luego Reiche es mi preferida de entre todas esas personas que aparecen en las fotos de la caja que llevas en tus rodillas, pero hubo más, muchos más. Hipótesis, tantas como fotos llevas ahí, pero teorías que me gusten como la de ella, pocas.

Pienso que llevaba razón en cuanto a la representación astral de algunas figuras, pero esta tesis fue desestimada al ser publicadas las comprobaciones de Gerald Hawkins sobre las notas de Reiche, pudiendo observar que tan sólo una minoría de las orientaciones de líneas en Nazca correspondían a fenómenos celestes como el paso de estrellas en momentos específicos, o como el equinoccio o el solsticio coincidiendo con las direcciones de las líneas. En consecuencia, María podía tener razón en parte pero no en todo, ya que si bien es cierto, algunas coinciden y —según parece la geometría de varias figuras sí corresponde, aparentemente, a la estructura de ciertas constelaciones conocidas— pero no todo encaja. En mi opinión, ese no es motivo suficiente para desestimar la teoría por completo, o aceptarla a pies juntillas.

Nada en la vida es negro, nada es blanco, más bien todo es Intermedio; equilibradamente intermedio, por eso debemos admitir que a lo mejor acertó parcialmente, acercándonos un poco más hacia la verdad.

Es gracioso como rechazan o como aprueban ciertas teorías, hoy y siempre se valorará más el quién lo dice que lo que dice y así, querido Sancho, seguiremos, pero por un camino de piedras y sin carteles. Nada parecido a lo que en verdad es Nazca, ya que ese plano es todo lo contrario a perderse, todo lo contrario a caminar por las piedras, todo lo contrario a no saber dónde ir.

Montañas y más montañas, mira qué picos, inclinaciones del 35-36%, increíble. Y es ahí debajo, o mejor dicho ahí arriba, en las grandes montañas de la cordillera Inca, por donde corrían los famosos Chasquis, los veloces corredores del Tahuantinsuyo. Estos Chasquis eran los correos de la gran gestión de Atahualpa los cuales eran capaces de cruzar 3000 km en un solo día ¡a relevos evidentemente, Sancho! Fueron más eficaces que nuestros actuales servicios postales y protagonizaron una de las propuestas que se ha dado sobre las famosas líneas.

Al caso, es poco probable, por no decir imposible, que estos corredores fuesen motivo o causa de tal empresa, el construir un tablero de dimensiones desproporcionadas para cualquier humano.

No, además has de entender que estos corredores realizaban su tarea diaria en picos como estos, sumamente escarpados, para la cual sería necesario un entrenamiento en terrenos similares, no tan tremendamente lisos y arenosos. Todo eso sin tener en cuenta las características que este plano posee, las que lo hacen único en el mundo, una obra demasiado imposible, demasiado grande y perfecta para tal menester.

Sí, ellos fueron utilizados como la base de la primera teoría acerca de esta maravilla y fue el corregidor Luis Monzón quien lo propuso en 1568. Era razonable, teniendo en cuenta que tan sólo unos cuantos años atrás habían sido descubiertas por el señor de la foto del cuadro ¡Sí, el barbudo! En 1547, según creo recordar, Pedro Cieza de León fue quien las descubrió, el primero en conocerlas, al menos por parte de los blancos, bueno corrijo, de los europeos porque blancos, lo que se dice blancos como tú y yo Sancho, los hubo y a miles antes de la llegada de nuestros colonos, pero esa es otra historia que pertenece a la siguiente obra, o mejor dicho, al viaje del que tú y yo venimos, donde nos conocimos una vez, antes de este gran flashback para ganar esa apuesta.

¡Mira la foto en blanco y negro! Ese es Toribio Mejía, un arqueólogo que en 1927 pensó que se podían tratar de caminos rituales de viejos pueblos que un día festejaron sus más sagradas ceremonias, los momentos más importantes de su existencia. Es una bonita teoría, preciosa diría yo; hacer lo que las líneas te dicen que hagas: seguir, andar cual caminar por los senderos de la misma vida, de tu propio destino.

Preciosa postura, pero no lo suficientemente sofisticada para estar a la altura de Nazca, del Gran Plano de Nazca. Te lo he expuesto antes y lo he recalcado, la perfección y sofisticación que ese descomunal gigante posee es infinita y sumamente precisa.

No, desde luego que eso no es Nazca, no la Nazca que yo conozco, el Dios al que ahora vamos a pedir audiencia, el coloso que duerme tras el manto de estas avizoras cumbres las cuales vigilan a quienes vienen desde el este, como a la espera de unos Viracocha que un día les habían prometido regresar.

Ellas custodian el gran tesoro de América, el gran tesoro del mundo, Nazca. Sé que de momento no lo comprenderás pero si tus ojos son capaces de aceptar lo grandioso del firmamento, serán capaces de asimilar la verdadera geometría de Nazca, la verdadera magnitud de este enigma.

Existen más, muchas más posibles explicaciones. Aún no hemos acabado, coge la imagen del telar ¡sí, esa en la que hay unas cuerdas! ¡Bien! La teoría de Henri Estierlin en 1983 proponía que Nazca representaba a un gran telar como los que se pueden encontrar en los mantos de paracas. También ¡cómo no! De carácter espiritual y sabes que no soy afín a eso después de lo que he visto. Me vas conociendo.

Pero bueno, no todas están basadas en funciones de carácter espiritual o religioso, otras también nos hablan de fines prácticos, fines de carácter técnico, indicador.

Este sería el caso del especialista en conectividad Luis Cobrejo, el cual afirmó en el 2010 que las líneas son indicadores de un complejo sistema hidráulico diseñado y fabricado para abastecer a la población del bien más preciado en un desierto, el agua. Sabemos hoy que a los pueblos incaicos y pre-incaicos se les daba muy bien la canalización de las aguas, tanto para abastecer en tierras secas como este desierto como para drenar las aguas que caían en abundancia por los cerros húmedos.

Esta es la que más me gustaba de todas, bueno, esta y la de Reiche, que no se me enfade, ya que las dos tienen un sentido práctico, más que metafísico. Y aunque Reiche aludiese a cuestiones esotéricas, la solución que tanto ella como Kosok avalaban le daba al menos una razón, un porqué a tan exhaustivo trabajo, el precisar momentos importantes para la siembra y cosecha.

Bien, continuando con la hipótesis de los canales de irrigación, esos famosos canales incas, cierto es que algunas líneas corresponden a la posición de canales, pero si bien coinciden algunas como en el caso de Reiche, no lo hacen todas, ni mucho menos.

Todas estas explicaciones tienen un enorme fallo, un error de base: que no están realizadas teniendo en cuenta la verdadera geometría del gran plano de Nazca, la existente y no otra. Ese, mi querido amigo, es un error demasiado grave para no corregirlo. Si se puede desde este preciso momento.

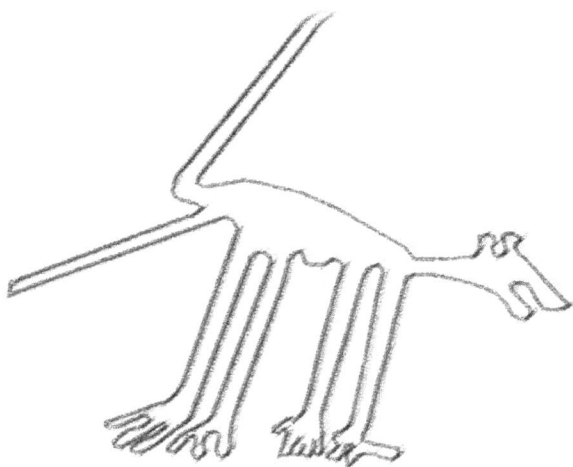

CAPITULO IX

COGIENDO LAS RIENDAS

Es hora de demoler tus argumentos utilizados en nuestro gran debate sobre el pasado del ser humano, hora de acallar a tantos que han dicho «tan poco», hora de abrir tu mente y demostrarte que la vida es mucho más interesante de lo que habías pensado nunca ya que nosotros y tú mismo, tenemos el derecho y el deber de conocer lo que nuestros padres nos legaron.

Pero para eso, mi buen amigo, tienes que ser tú, como te dije al comienzo del libro, quien debe dar los pasos hasta llegar al conocimiento verdadero y no a un conocimiento inculcado, por ese motivo en este mismo instante del libro soltaré las riendas, quiero ver cómo te las apañas para salir de esta ¡suelto!

¡Sí, estamos sin piloto! Permanezco a la espera ¿no vas a hacer nada? 8.000 pies, 7.000 pies y cayendo ¿Qué? ¿Te atreves o te paso la mochila del paracaídas? 6.000 pies, 5.000 pies, bajamos muy rápido, 4.000 pies, tan sólo tienes que tomar los mandos, ¡Sancho, los mandos! 3.000 pies, 2.000 pies ¡entramos en barrena! ¡Bien!, ¡Bien! Así, estabilízalo ¡uf, por qué poco! Creo que ya voy viejo para esto. De todas formas valió la pena, al menos has cogido ya los controles del avión ¿se te hace familiar, a que sí? Es normal, teniendo en cuenta que llevas años pilotando tu propia mente, tu avioneta.

Vas a necesitar saber dominarla a la perfección si quieres aprender a ver al Gigante con otros ojos, si decides circular por sus interminables venas y llegar justo hasta el corazón del enigma, el cual a pesar del decrépito y maltratado estado de su dueño, aún permanecerá latiendo hasta que alguien lo note.

Aprende a controlar la avioneta, yo te enseñaré. Aprovecharemos los picos montañosos que nos quedan para que puedas practicar, es sólo cuestión de someter tus pensamientos, tan sólo enfocarlos y direccionarlos para no perder el rumbo hacia tu destino, así que sujeta los mandos, vamos a bajar, 3000 pies ¡perfecto, mantente ahí! Enfrente divisamos un par de escarpadas y verdosas montañas. Quiero que las cruces por el medio, cerca, muy cerca, hasta que vea los complejos de los Incas.

Este viaje sería estupendo para visitar algunos misteriosos emplazamientos, como Ollaitaitambo o el Valle

Sagrado, pero sería perder el tiempo retrasando el cobrarte la apuesta. A pesar de todo, no te me disgustes Sancho, tengo el placer de contarte que aunque tampoco recuerdes esto, fue ya en el anterior viaje donde las visitamos y conocimos sus secretos. Así que espera, primero he de ganarte la apuesta, luego comenzaremos la verdadera historia desde el principio, desde que nos conocimos.

Ya te he contado mucho de nuestro anterior viaje, demasiado diría yo ¡nos acercamos!

¡Perfecto! Oriéntate bien hacia el medio, ya sabes, donde sólo se ve cielo y no verde, no sea que nos estrellemos ¡bien cerca, más cerca! ¡Sí! Te está saliendo de perlas, ¡baja un poco más! Quiero ver las construcciones ¿ves? ¡Ahí abajo! Fíjate como los Incas han modificado la forma de esos cerros, es increíble de qué manera han influido en toda la naturaleza sin dañarla, amoldando sus plantaciones en extensas terrazas por toda esta zona, ¡cuánto trabajo!

Si te fijas en este método de construcción —y mira de vez en cuando hacia delante, gracias— como digo hacían sus siembras ajustándose al espacio existente sin transformarlo, tan sólo aprovechando los beneficios que esa forma les ofrecía, que no eran pocos. Por ejemplo asegurar un buen drenaje en los cultivos, poner orden a sus siembras, y sobre todo, aprovechar el espacio, su emplazamiento.

Cultivos en tierras secas, Perú.

De eso quería hablarte, de aprovechar espacio, eso es lo que te vas a encontrar al llegar a Nazca, al Gran Plano de Nazca, porque para poder digerir lo que hallarás allí, tendrás que ir un tanto dispuesto, hay que prepararse. Tu mente deberá estar avisada del néctar que probará en esa misteriosa pampa, una sustancia para la que ni tu cerebro, ni tu espíritu han desarrollado tolerancia alguna.

Bienvenido a una nueva realidad. A partir de ahora mirarás el mundo de forma diferente, te voy a presentar al gigante. Para ello debemos observar el planeta desde varias escalas, desde puntos de vista distintos en los que hallaremos peculiares alineaciones. De momento veremos el mundo a una escala reducida, desde el punto de vista que un aeroplano pequeño nos ofrece a una altura no mayor de ochocientos metros, para eso Deisy será la mejor de las herramientas.

Sobrevolando hacia nuestro nuevo punto de partida, el desierto peruano, se encuentran las pruebas esenciales para asimilar más ejemplos repartidos por todo el globo, lo esencial nace en este valle.

Nos acercamos Sancho, las montañas empiezan a dejarnos ver la fiesta que nos espera, como porteros de discoteca cuando ven un pase Vip nuevecito y reluciente. Allí vamos ¡nos dejan entrar!

Ante nosotros se encuentra la luz del desierto. El valle nos acoge con una aridez rotunda. Aquí es donde la tierra fríe piedras al sol suplicando a gritos una simple gota de agua; donde hace tanto calor que hasta el mismísimo tiempo se agota y se detiene al intentar cruzarlo; donde las agujas del reloj se secan cual rama marchita.

Bienvenido a Nazca mi querido Sancho, bienvenido. Bienvenido a la morada del Gigante. La vegetación ha cambiado, su color es otro. Aquí falta la abundancia y todos los beneficios que da la vida. Sí, es aquí donde vive, el único lugar donde puede existir y donde sólo él lo consigue junto a las almas de nuestro pasado.

Ciudad perdida de Cauhachi, en Nazca.

Ahí abajo está Cauhachi, ciudad de las gentes que un día soñaron y diseñaron a este maestro que hoy te enseñará a ser más humilde, más cauto, pues tanto a ti, Sancho, como al hombre moderno, os espera una clase rápida sobre la concepción intelectual que poseían vuestros padres. Hasta ahora habéis hablado vosotros, habéis alardeado vosotros. Es momento de escuchar al anciano.

¡Hemos llegado, allí las vemos! ¡Dios! Cada vez que las vuelo me impacto. Me abruma tanta inmensidad, tanta complejidad. Esto es grandioso, Sancho ¡grandioso! Te has quedado con la boca abierta. No dices nada ¿no? Silencio es la respuesta, como siempre.

Bien, demos primero una pequeña vuelta sobre esta pampa. Ya sé, es demasiado extensa, eso es perfecto Sancho, perfecto. Por eso vinimos aquí, por eso vinieron aquí.

Sí, exacto, estoy diciendo que los que hicieron este gran plano buscaron este sitio, precisamente por lo que te contaba antes. Este lugar es de una aridez extrema, una de las mayores del mundo.

¿Por qué querían sequedad? ¡Venga! ¡Ya lo sabes! Precisamente porque en un desierto no existe la vida, la que todo lo cambia, la gasolina que tiene el reloj para no pararse como aquí.

Debes tener en cuenta que en zonas como las que sobrevolamos, Brasil por ejemplo, para hacer marcas que se vean desde el aire, tenían que cavar unas zanjas bastante profundas y aún así, estas al poco tiempo eran engullidas por la selva, la devoradora de todo, de tantos.

Aquí no estamos expuestos a su espesura, ni a la agresión que sufriría este plano por la acción de millones de seres vivos; vegetales, animales e insectos, que cual lombrices en un cuerpo exento de vida, descompondrían esta magnífica y descomunal obra de ingeniería, haciendo desaparecer en pocas décadas al ser que les cobija.

Ese es el motivo principal de por qué estos Viracocha llegaron a Perú, al sur, a este interminable desierto. Para detener el tiempo. Aún recuerdo la historia que me contaron los viejos de aquí, tan impresionante como la del padre de Pedro, en una noche tan loca como esa. Dice así:

Hace mucho tiempo, sobre esta pampa descendieron unos seres que podían volar. Eran los Viracocha, los dioses llegados del Este, unos hombres buenos que trajeron la paz, la concordia y el progreso. Fueron esos dioses quienes dibujaron las figuras y las largas líneas. Un día marcharon prometiendo regresar. Nosotros las seguimos cuidando desde hace generaciones, esperando que un día los hombres que vuelan regresen.

Pero yo no quiero contarte esto, quiero que te lo cuente un amigo ¿si bajamos? No, no será necesario, ahora es importante que busques en el bolsillo que llevas siempre en tu «chaleco de arqueólogo» que tan poco me gusta.

Sí, en el de la izquierda. Vamos, esto no es ningún juego ¡sí, ese sobre! Y ahora si eres tan amable, ábrelo aunque creo que te será curioso el sello que lleva. Si, de cera, muy arcaico diría yo.

Antes de que lo abras quiero advertirte de que en un pasado, o un futuro según se mire, en el preciso instante en que descubrimos Nazca, en el preciso momento en que habíamos alcanzado el saber de los ancianos, tú y yo nos tomamos una pausa y decidimos irnos a un bar cercano a Nazca.

Hablamos horas de lo increíble que fue no sólo entenderla sino aprender de ella, comprender su funcionamiento y por fin, utilizarla. Pensamos en qué haríamos después y si volveríamos a vivir un acontecimiento tan profundo para nuestras vidas.

120

En ese momento yo te arrojé una pregunta: «¿si tú volvieras a vivir otra vez más, otra vida, qué cosa te gustaría hacer primero? ¿Qué conservarías de esta? ¿Qué sería imprescindible llevarte?» A lo que tu corazón respondió con la seguridad de quien ha visto con sus propios ojos «¡Nazca!»

Llegamos a un acuerdo, Nazca es lo primero que verás en tu carrera hacia el conocimiento, es entrar directamente por la puerta grande, la puerta más grande del mundo.

Por eso la carta, Sancho, por eso.

CAPITULO X

LA CARTA DEL «YO»

Sí, pone tu nombre. Es un sello que llevas en tu anillo. Eso desde luego, fue idea tuya así que ábrela rápido, no tenemos gasolina infinita.

Bien ¿qué ves? Tu puño y letra ¿no? Dice:

Dedicado a Sancho, el amigo del loco que tienes al lado y propietario de la compañera más fiel que pueda existir, Deisy...

¿Sorprendido, a qué sí? ¿A que es realmente curioso? ¿Podría yo haberte metido una carta que sabes que no llevabas antes de comenzar esta novela? ¿Por qué está escrito con tu letra, con tu forma de hablar, con tu sello? Tú mira hacia delante y sigue dando vueltas a esta inmensidad mientras la contemplamos tranquilos y pásame la carta que ya te la leo yo. Son tus palabras, pero será mejor que la lea.

Dice así;

Estimado yo mismo,

Estando en posesión de mis plenas facultades mentales y sin haber sido obligado a hacerlo, autorizo a Charlie, mi loco amigo, a que borre mi memoria durante unos capítulos con el fin de desvelarme el secreto del Gigante Muerto en el primer lugar de la lista de tantos y tantos maravillosos emplazamientos que él y yo hemos visitado por todo este mundo.

Entiendo tu extrañeza, me conozco perfectamente, asumo incluso que dudes en ocasiones sobre la fiabilidad de la cordura de tu nuevo compañero, yo haría lo mismo.

Y para eso es esta carta, querido yo, porque ya sé lo que es Nazca, ya poseo el secreto, aunque no te lo creas.

Conozco mi propia incredulidad y la manera de hablar de nuestro amigo Charlie. No acompaña al estudioso más técnico, más pragmático, por eso he escrito esta carta, para ayudar al loco que te ha traído hasta aquí para explicarte, para explicarme a mí mismo lo que vas a ver.

Querido yo, en Nazca existen numerosos misterios que pensamos haber ya resuelto, pero a pesar de mis pesares, resolviendo el enigma, este loco y yo hemos traído la controversia al panorama mundial, ya que hemos descubierto:

Qué es Nazca

Cuál fue su verdadera función

Sus diferentes elementos

Cómo funciona Nazca

Sí, eso es perfecto, sobre todo si me lo digo yo mismo, así que yo te explicaré la parte técnica. Lo prefiero puesto que Charlie es «demasiado profundo».

El gran problema viene aquí, se supone— suponemos tanto tú como yo que para eso somos el mismo— que en la antigüedad los seres humanos estaban limitados en recursos técnicos, bajo un nivel evolutivo bajo. Para ser sinceros y nada más lejano de lo que hemos hallado en Nazca, (como supongo que te ha narrado ya tan profundamente Charlie). Lo que hemos encontrado es una perfección inigualable por la Ingeniería de hoy en día, la nuestra.

Vamos a tener problemas, querido «yo», primero por tener que pagar la apuesta a Charlie, la deuda consta en el reverso pero no te aconsejo por ahora que la leas. Segundo, porque no sólo tendremos que exponer a la Ciencia lo negado una y otra vez por los estamentos oficiales, sino porque a partir de ahora tendré que realizar mis coherentes y calculados estudios contando con una nueva máxima: que vivimos en un mundo sorprendente.

Querido Yo, tan sólo te pido que te fíes de este «buen loco» que te acompaña, pues si bien yo te enseñaré la teoría, él será tu «profesor en prácticas», así que ponte en sus manos ya que empieza la clase avanzada del «Gran Complejo de Nazca», ahora conocerás «el Mayor Plano de Coordenadas del Mundo».

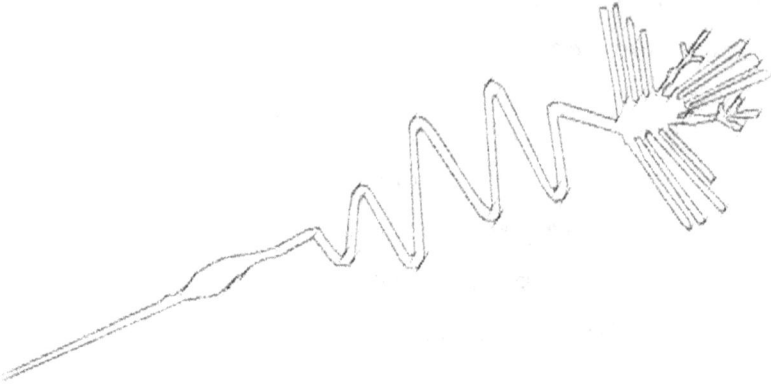

CAPITULO XI

LA CLASE DE NAZCA

¡Bien Sancho! Hasta ahora bien ¿qué, impresionado de tus propias afirmaciones? Era hora de que creyeses en mí ¡ha llegado el momento de que aprendas a pilotar por Nazca!

Habiendo sido tú quien ha querido enseñarte la teoría que yo tanto me sé (pero que según tú soy demasiado «profundo» para explicar coherentemente) veamos por dónde empiezas tu dichoso «cursillo». Muy original por cierto, tan sólo te falta ponerte la «L», con razón dices que soy tan profundo, menuda imaginación la tuya.

Perfecto, veamos, el punto 1 dice así;

Empecemos por lo que vemos y sobre su visibilidad· Decir que las líneas hechas son inmensas, al verlas desde la altura, su imagen se aprecia perfectamente· Lo curioso es que por un lado, si nos elevásemos a la estratosfera, desaparecerían, y por el otro, al verlas desde el suelo, el poco contraste que las diferencia con el terreno y su tremendo tamaño, nos impide distinguir su diseño· Es más, hay líneas kilométricas que no se sabe cómo se han diseñado y calculado para conservar su rectitud a lo largo de tanta distancia, ya que admitían errores de 2x1·000 y he aquí un dato interesante·

—Es ahora cuando te pones técnico—.

Analicemos el valle de Nazca en profundidad· Observamos a simple vista sus líneas rectas que cruzan todo el valle en todas las direcciones· Pero veamos más· Para que pueda apreciarse en su totalidad, debemos bajar hasta una altitud de 800m· Es importante, porque lo que obtenemos al respetar esta altura es el plano delineado más grande del mundo·

¿Ves? ¡Es impresionante!, hay líneas por doquier. Yo al principio no veía nada. Fuiste tú, con tu mente fría y calculadora quien las viste, quien vio un sentido a todo.

Valle al norte de Nazca, Perú.

Sí, ya sé que yo siempre digo que te he ganado la apuesta, pero la dichosa puja entre tú y yo se basaba en demostrarte simplemente que el ser humano de la antigüedad era mucho más avanzado mentalmente que incluso nosotros. Eso siempre era lo que más gracia te hacía, reías y reías con mis comentarios como si de un monólogo de la Paramount se tratase. Eres increíble, no sé yo si tu incredulidad y pragmatismo son de siempre o inculcado. Pero ¡vamos!, creo que tu manera de ver el mundo es más increíble que lo que estamos tratando.

La gracia fue para mí, el ver tu cara de pasmo. No decías nada. Cuando llegamos allí por primera vez, gastaste todo el depósito de gasolina.

Tuvimos que aterrizar en una de esas alisadas planicies ¡qué gracia! Por poco nos cogen yendo a por carburante, ¡calla!,

¡qué nochecita caminando por una maldita garrafa! Por cierto, no tenías dinero y de igual modo esa humilde gente nos brindó su ayuda con todo su cariño. Hay buena gente en el mundo, o quizás ya lleven en su sangre «algo» que les impulse a socorrer a los «viajeros del cielo», a «esos» que con sus alas circundan el valle de Nazca, el Mayor Plano de Orientación de la Geografía Terrestre.

Sigamos con la carta, no quiero que nos pase lo que aquella vez, dice así:

Para poder interpretar un plano correctamente es necesario contar con «todos sus elementos» sin la exclusión de ninguno y mucho menos, de aquellos tan importantes como unas flechas de kilómetros cuadrados que aparecen por todo el plano curiosamente adheridas a las larguísimas líneas que atraviesan todo el valle y de momento —agárrate— no figura todo en los planos creados hasta la fecha, en los planos que poseemos en nuestras propias manos.

¿Que a qué planos se refiere? ¡Ah! Los tengo aquí, en el lateral de la puerta, siempre los pones a mano desde aquella.

Son los de Reiche. Increíbles para estar la pobre en el suelo, sin medios; son los mejores de todos, ya que los hay más modernos y más vistosos, pero no mejores.

Te sigo leyendo porque la «clase de teoría» es larga, se ve que tú eras de los que se sentaban en las primeras filas de la clase en el colegio. Dice así:

Bien ¿por qué no aparecen? De ningún modo por error de María Reiche, sino por culpa de que algunas de estas flechas están creadas con un tono mucho más tenue que las famosas líneas ya descritas. Otro motivo es su enorme tamaño. Son kilométricas áreas de este color cobre tan tremendamente parecido al del resto, lo cual destaca muy poco esta diferencia.

Flechas en Nazca.

En realidad, desde el suelo, estas enormes flechas son casi imperceptibles· Allí solo se puede apreciar un cambio de tono al pasar de una zona a otra· Tampoco son apreciables desde mucha altura: para poder observarlas tenemos que tomar cierta altitud correcta·

Y aquí pones que subamos, pues bien, ¡marchando! ¡Sube! 1.000 metros, ¡más, hasta 1500! ¡Perfecto! Y escribes;

Si subimos a los 1·500 metros de altura se puede observar que estas flechas han desaparecido, no se ven por ninguna parte· Esto es muy importante, ya que significa que sólo a cierta altura (entre unos 300 y 1·000 metros de altitud) se puede acceder a la información de algunos elementos que forman el plano·

–Bajar hasta altura recomendada·

¡Perfecto! ¡Baja, hasta 800! No dejes de dar vueltas. Ya lo ves. Es inmenso, tardamos mucho en dar una simple vuelta y eso es bueno. Eso es, perfecto.

Digo perfecto porque ellos necesitaban eso precisamente. Necesitaban tener suficiente espacio para poder volarlo tranquilamente, para observarlo con calma; imagínate ahora nosotros si no tuviésemos este Gran Plano ¿cómo haríamos para estar aquí con calma observándolo a esta velocidad si fuera más pequeño? Desde luego para «viajeros del cielo» como nosotros no serviría, al menos sin bajar o sin parar.

Perfecto, ya estamos a esta altura. Ahora sigo con tu «cartita».

Al descender otra vez, estas flechas han aparecido como por arte de magia, es curioso como ahora nos damos cuenta de una información totalmente distinta. Aquí, a esta altura, podemos apreciar todo lo que en este tablero se intenta explicar.

En el caso de la teoría de María Reiche, la del calendario, veremos que falta información, está incompleto; no sólo porque faltan algunas flechas sino porque existen polígonos a los que no se les dio un sentido. Y esto tiene una explicación. Estos famosos polígonos o cuadros no son más que otras flechas incompletas. El motivo principal de su inacabado aspecto es precisamente su gran tamaño en relación con ciertos factores como:

1º La acción de las personas que las han mantenido año tras año durante milenios, e incluso la restauración que recientemente realizó María Reiche, han dejado errores.

—Yo personalmente creo que aquí dejas el párrafo demasiado duro—. Hay que entenderlo, pensemos cómo restaurar algo que no se sabe ni qué es y ¿cómo se sigue manteniendo algo cuando los milenios han borrado toda huella de sus creadores? ¿Quién lo dirige? Creo que en este párrafo estás siendo algo tendencioso. Sí, ya sé, no lo haces por mal, tu pragmatismo científico, pero si el pragmatismo científico fuese un poquito más comprensivo, estoy seguro de que podría entender muchas cosas que no entiende.

Creo que hay que ser comprensivos sobre todo aquí, sobre todo en Nazca, ya que si bien después para esta gente mantenerlas le era difícil, su función principal, su función primordial, quizás sea merecedora de tal comprensión, ya que El Mayor Plano de Coordenadas del Mundo fue ideado con el fin de guiar a unas gentes que tan sólo pretendían sobrevivir. Bueno, sigo leyendo:

2º A pesar de la sequedad del ambiente, fenómenos como el Niño han provocado las sucesivas inundaciones acaecidas en el lugar, generando la confusión que hoy vemos en las imágenes por satélite· El primer culpable: las aguas, que deformando las líneas, sobre todo las flechas más delicadas, en ocasiones las cortan, siendo arrebatadas de un «pedazo» sumamente importante de su geometría original·

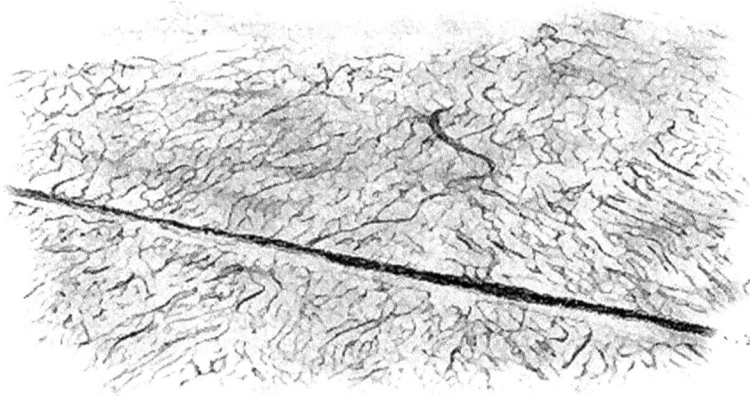

Ejemplo de terreno erosionado por las riadas.

Posteriormente las reparaciones y restauraciones se realizaron desde el suelo, no habiendo ya nadie que pudiese comprobar la integridad de las mismas desde el aire· Esto ocasionó que se confundiese el surco que había dejado el agua con el final del perímetro exterior· Esta restauración errónea fue la culpable de que posteriormente se siguiera manteniendo dicha flecha con esa geometría incompleta·

Sí, es una pena, una verdadera lástima verlas hoy incompletas, sesgadas de una parte de sí mismas, a esas grandes zonas que un día fueron pobladas por grandes líneas y dibujos, que no conocían el concepto de lo que es ser finito.

Sigo porque me estoy poniendo «profundo». Dice que bajemos un poco, empieza.

Al descender a los 200 o 300 metros hay ocasiones en las que está muy claro que originalmente estos polígonos estaban cortados dándoles la apariencia de romboides pero sin forma definida aunque son flechas como se aprecia perfectamente en muchas de ellas. Otras flechas están representadas de forma diferente ya que su posición, su funcionamiento y método de expresión era otro, pero su función era la misma: indicar un sentido, orientación, medida y escala, ahora lo explicaremos.

¿Pero pone tanto? Si en esta carta hay sólo esto y unos cuántos párrafos más,… No entiendo ¿me la estás jugando otra vez como con la ayahuasca? Sigo.

Es difícil seguir estos rastros de líneas ya desaparecidas, para ello es necesario acudir a las imágenes por satélite con una perpendicularidad total para así poder apreciar estas pequeñas diferencias de tonalidad.

Las imágenes por satélite impresas más las hojas siguientes las tengo debajo de tu asiento, Charlie.

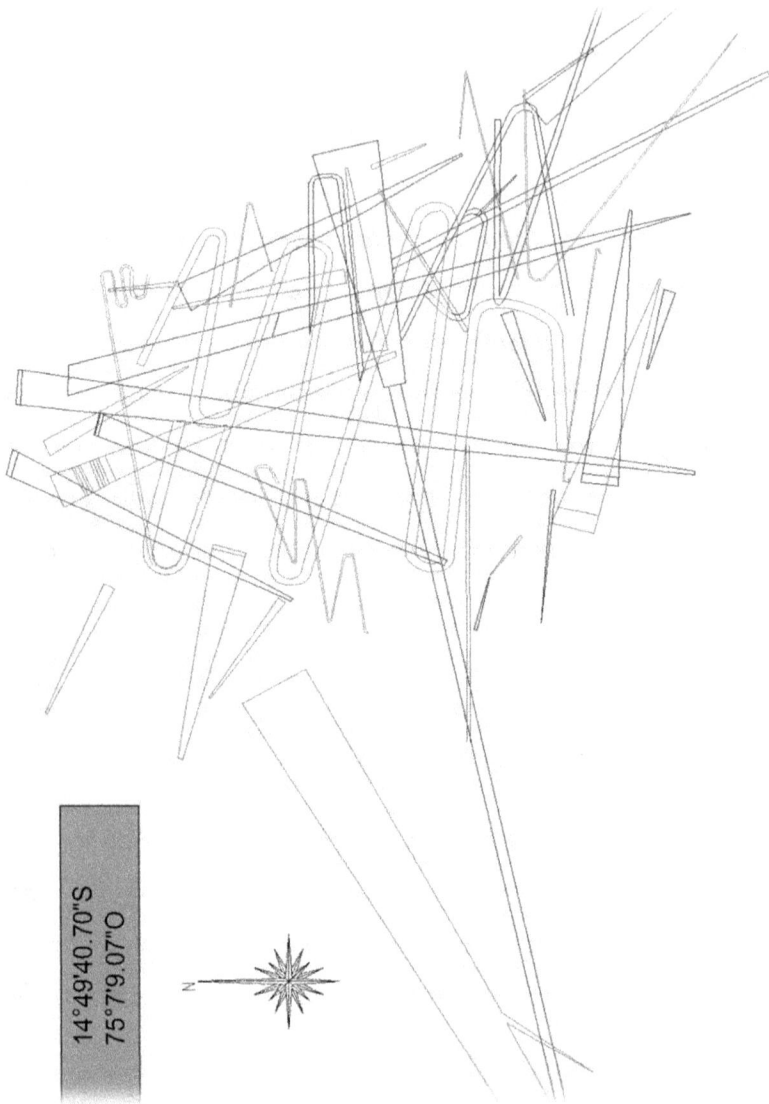

14°49'40.70"S
75°7'9.07"O

Plano realizado en CAD por Carlos Hermida, año 2012. Primera ocasión en apreciarse dicho diseño por nuestra civilización actual.

¿Ves? Lo que yo decía ¡me la estabas jugando! Sí, no te rías, ya van dos veces. Esta, mi querido amigo, esta te la devuelvo. Recuerda este momento.

Aquí las tenemos, ¡menudo tocho! ¡Dios! Mira que te gusta escribir, te encanta ¿no? ¡Pues a ver si llega la gasolina, majo!

Sigo con la página 2. Te has pasado querido amigo. Te has pasado. Si nadie sabía qué era esto tú, Sancho, me has rizado el rizo.

3ª La intención de sus diseñadores· Estos cortes en ocasiones se deben a cuestiones de espacio, más adelante lo veremos al explicarlo con las escalas métricas·

Aquí adjuntas una imagen ¡vamos hacia aquella flecha! Sí, la que está allí, más al interior ¡allí tenemos una! Baja un poco.

Fíjate en la foto. Se ve bien. Lo que dices en la carta es muy cierto, esto no está hecho así por casualidad, no. De eso nada. Sigo con el siguiente punto.

4º La acción del hombre moderno· Teniendo como ejemplo principal, a simple vista, la nueva autopista panamericana que corta el glifo de un cocodrilo por la mitad, y otros ejemplos más·

Eso ¡cómo no! Vamos a verlo. Vete hacia allí, por la panamericana. Corta el valle por la mitad con el avión mientras te leo la carta.

Panamericana Sur.

Por otro lado, Reiche se fijo mucho más en los símbolos que en las líneas y flechas· No es de extrañar, puesto que son lo más perceptible y notable desde el suelo, además fueron lo más atractivo a la vista que había en dicho valle, tanto a ojos del gran público como a los de los mismos estudiosos·

Pues bien, si aceptamos todos estos errores y trazamos un nuevo plano basándonos en las imágenes por satélite de los que hoy disponemos, nos vamos a percatar de una gran diferencia con respecto al plano creado por Reiche y a algunos posteriores· Para ser más exactos, aconsejo que utilicen el método de nuestros actuales consultings de ingeniería civil·

¡Jal! Aquí haces una explicación al más puro estilo Bricomanía, sólo que no usas una Black and Decker.

Adquieran primero las imágenes de satélite en alta resolución, posteriormente ingrésenlas en un programa de diseño CAD y solápenlas creando un único archivo de gran peso· Ahora oriéntenlo correctamente al norte y trasladen dos puntos clave del mapa a sus coordenadas en el espacio· De este modo, el plano no solo estará correctamente orientado, también escalado a la perfección·

Cuando dispongan de todo esto ya solo tienen que utilizar el mismo método usado actualmente por el Ministerio de Fomento para calcular las expropiaciones al hacer carreteras, el cual consiste en trazar una línea ajustándose a la imagen· ¿Qué plano obtenemos? Uno totalmente distinto·

¿Ves? Este párrafo me ha gustado más, como de «receta de cocina», ¡Muy bueno Sancho!

Ahora, mi buen amigo, vamos a conocer Nazca de verdad ¿preparado para adentrarte en las tripas del Gigante? Tus propias palabras nos irán guiando por el viaje. Bueno, yo también pondré algo de mi parte.

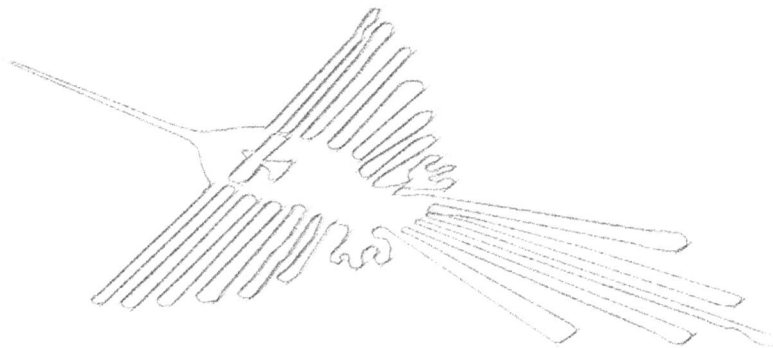

CAPITULO XII

DIFERENTES PUNTOS DE VISTA

Subamos otra vez, volvamos a dar vueltas y sube, sube alto, muy alto. Más, ¡ahora! Sigo leyendo.

En primer lugar, a gran escala (unos 2·000 metros de altura) se observan las kilométricas líneas que atraviesan el valle en diferentes direcciones; son rectas y son finas pero tan sumamente claras que su gran contraste con el terreno las hace visibles hasta 5·000 metros de altitud·

Estoy de acuerdo contigo, bueno, con tu carta. Pero, no desde mucho más arriba, ya que si las viésemos desde una cápsula espacial sin los lentes que poseen los satélites no veríamos nada, ni siquiera estas kilométricas líneas aunque sean inmensas, prodigiosas. Lo cierto es que más arriba ya no existen.

Bajemos. Dice que nos pongamos a mil, y se refiere al avión, eso espero ¡mira que llevo paracaídas! Sigo.

En segundo lugar, a escala media (unos 1·000 metros de altura) encontraremos estas inmensas flechas de un color más oscuro, siendo menos perceptibles al ojo al suponer un menor contraste con el terreno·

Pero no son dos ni tres, son miles y miles de líneas perfectamente trazadas, una maraña de líneas impecablemente diseñadas.

Dice que bajemos, a 500. Sigue circundando pero ahora baja la velocidad. Reduce más. Tenemos que tener más cuidado por aquí.

En tercer lugar, a pequeña escala (unos 500 metros) hallamos los famosos signos o símbolos; la araña, el mono···

Ahí está la susodicha ¿La ves? A pesar de su gran fama es tan sólo una pequeña porción de este magnífico plano. Sigue por ahí ¡ahí está! ¡El Alcatraz! ¡Qué imponente, qué trazos! Y cómo se nota que las hicieron con el mismo estilo, el mismo diseño. Allí la veo: La Espiral, increíble.

Como podrás observar, las líneas se cruzan a lo largo de la llanura en todas las direcciones, pero existen algunos cruces principales en los que las líneas no se cruzan, sino que se juntan, es decir, dichas principales intersecciones, las cuales fueron tomadas por centros de galaxias por algunos estudiosos, son puntos esenciales en nuestro plano desde los que parten las líneas hacia todas direcciones, líneas que en ocasiones comunican dos de estas intersecciones principales.

Como dijimos, estas líneas están a un mayor contraste con respecto al suelo que los demás elementos.

Bien, yo mismo ya estaré preparado para entrar en materia. Bienvenido mí querido Yo a la prueba tecnológica del pasado de mayor escala del mundo. Nunca mejor dicho porque vamos a proceder a explicar:

- Qué son las líneas de Nazca

- Cuál fue su función y cómo se diseñó

- El porqué de dicha forma

- Quién y cómo lo utilizaban

- Cómo usted puede utilizar un método para controlarlo desde su propia casa

Esto se merece un « ¡Ja!» Rotundo, aquí es donde llevas tu cursillo a su máxima expresión. Tú siempre tan escueto, conciso y académico.

Tanta teoría me da ganas de tirar los papeles por la ventana. Y ¿qué es de la gente, quién lo utilizó, para qué? Sobre todo ¿por qué?

De Nazca se ha dicho de todo, la teoría más notable fue la de Reiche, pero la realidad de la historia humana que llevamos visto hasta ahora es radicalmente distinta a la que supusimos en un principio, así que no nos desviemos del rumbo y sigamos descubriendo la epopéyica historia de unos hombres que intentaron sobrevivir, de una civilización que un día arrojó un último grito para no desaparecer, de unos conocimientos que pretendieron conservarse para una humanidad futura. Hablamos, como no, de nuestros propios padres, nuestros ancestros. Ellos nos han dejado un mundo que tan solo ahora, en un grado medio de evolución, comenzamos a conocer y cuanto más crece nuestro conocimiento y nuestra tecnología, mejor es nuestra comprensión acerca de los diferentes misterios que nos dejaron, misterios que sólo nuestra falta de conocimiento les otorga ese mismo apelativo, apelativo que en el caso de Nazca, desde este mismo momento dejará de utilizarse.

Sigo con mi lectura, no sea que te parezca «demasiado profunda».

Antes de afirmar qué es y cuál fue su función, hemos de comentar sus diferentes elementos y cómo combinándolos, se conseguía un resultado final.

Dices que subamos, parece que los repasas otra vez y explicas como funcionan, también hablas de tonos.

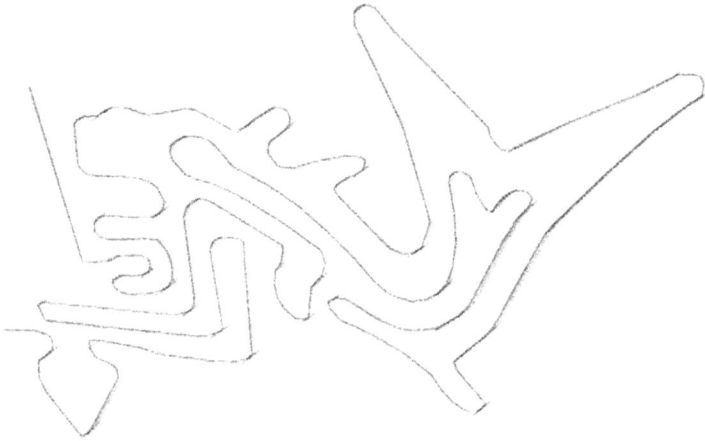

CAPITULO XIII

DIFERENTES CAPAS, ELEMENTOS

Comenzamos comentando los diferentes elementos que se encuentran en Nazca para poder comprender su complejo funcionamiento· Hasta ahora hemos comentado la dificultad que Reiche y otros tuvieron que afrontar para reconocer las figuras existentes: Hablamos de líneas y flechas que no fueron reconocidas o simplemente que su mantenimiento no fue el correcto· Precisamente esa es la causa principal de su deformación· Pero veamos sus diferentes elementos:

Bueno, aquí paras y dices que nos mantengamos a esa altura, página siguiente.

En primer lugar destacaremos las tonalidades que poseen las diferentes partes, que dan un acabado distinto a cada clase de pieza de esta gran maquinaria. Esto aporta un grado más de complejidad y detallismo a lo que se quiere representar, facilitando y complementando la tarea de interpretación del plano por parte del usuario.

En el caso de las líneas, el contraste con el terreno es mucho mayor que en el caso de los polígonos y figuras y su rectitud como dijimos, con sólo errores del 2x1.000, (es decir, tan sólo un metro de error cada 500 metros); Se debe a que debían ser más resaltadas y precisas debido a su función y su importancia.

Vale, ahora sigamos con la clase práctica, sigue esa gran línea ¿ves? Hasta te cuesta alinearte de lo recta que es, esto te recuerda al aeropuerto ¿a que sí?

Baja un poco, ya sabes a qué altura, una media volveremos a los 800m.

En segundo lugar tenemos otra capa a menor contraste con el terreno· Esta, aunque menos resaltada, es sumamente relevante· Se trata de unos polígonos y flechas que adosados a las líneas, completan su significado· Y precisamente este menor contraste no se ha creado con la finalidad de que se viesen menos, sino para aportar una diferenciación más y así beneficiar la comprensión del plano· A pesar de tanta complejidad, esto ha contribuido a dificultar su identificación y estudio, ya que estas con menor contraste denotan sobre todo un trazo más fino·

Bien, ya las vemos ¿qué más? Aún nos queda la parte divertida.

Ve hacia allí, a las 11. Ya hemos visto la araña y el alcatraz, ahora quiero que veas al hombre que saluda. Allá a lo lejos lo veremos. Está en un cerro pero ¿le ves algo peculiar? Está al lado de una flecha, como teniendo alguna relación. Pero lo dejo ahí, tú querías contártelo a ti mismo.

Llegamos a la siguiente capa: la forman signos como la araña el mono el alcatraz, etc· de más de 300 metros de diámetro·

Figuras como estas hay muchas, a cientos, aunque no faltan nunca cuando estudias estas líneas, como si fuesen necesarias, muy necesarias para completarla.

Sigo con tu clase de Nazca. Ahora vas a explicar algo que a mí me parece muy interesante, una prueba de que el hombre en la antigüedad sabía volar. Veremos algo con lo que aprenderemos a saber la altitud a la que nos encontramos. Dice así:

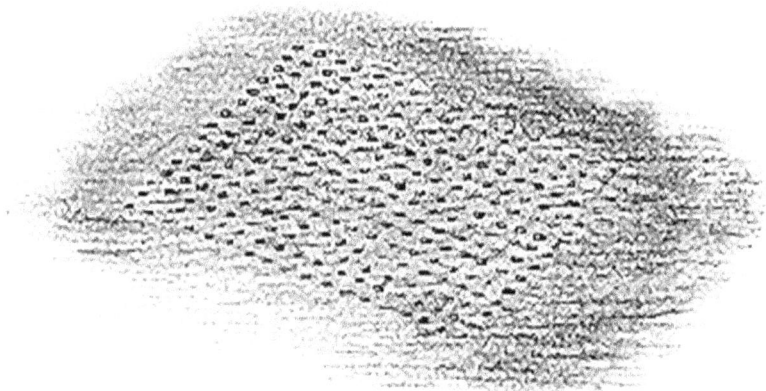

Formación de cuadrícula de puntos en Nazca.

Las cuadrículas de puntos son zonas de 100 metros de diámetro y están formadas por una capa blanca a la que se le han dejado círculos donde la tierra es más oscura y están distribuidos en forma de cuadrícula de 6·2x7·2 metros aproximadamente entre punto y punto·

Esto me recuerda a los aviadores de los años 40, sin elementos de posicionamiento como los actuales. Es más, un amigo controlador de vuelo (sí, los de las huelgas famosas) me comenta siempre que estas cuadrículas eran la solución utilizada en aquellas épocas en las que no disponíamos de esos «cachivaches». Nos las apañábamos comparando estas cuadrículas a su escala real conservada en nuestra mente. Con una simple pero efectiva regla de tres se conocía la altitud ¡Qué bella época! Sin radares, sin huelgas... Según dice él. Se nota que problemas de dinero mi amigo, no tiene.

Sigues con más y más elementos. Lo leo rápido.

A estos se les suman las «líneas de parrilla» o acotación, tan delicadas como los signos, y que cruzan las diferentes zonas que circundan (las ya comentadas intersecciones y flechas) de un modo perpendicular a la orientación de las mismas·

¿Las ves? Se cruzan. Van por todo a lo largo de la flecha, pulcramente. Si te fijas, ahí tenemos un ejemplo. Abajo, justo esa flecha; su línea la acompaña longitudinalmente a todo lo largo ¿ves como por regla general están centradas cada una con su flecha? Eso es importante.

Ahí ¡frena! Gira su recorrido y cruza la flecha en su punta, luego regresa hacia atrás por el otro lado, tan limpiamente como antes sólo que ahora no sigue hasta el final. Ahora en medio del recorrido, frena otra vez para volver a cruzarla. Interesante, muy interesante; esto pasa en prácticamente todas, en cientos de flechas.

Perfecto ¿Qué te ha parecido hasta ahora? Bien, ¿no? Se ve que le das al coco querido Sancho. Pero mucho, mucho. Debes de haber tenido una infancia difícil ¿no? Bueno, del matrimonio mejor ni te pregunto por lo que deduzco de las pocas llamadas que recibes, ¡ah! Que aquí no tienes cobertura, me alegro, al menos entiendo que no te han dejado sin blanca. Para el avión por lo menos tuviste mucha, mucha gasolina. Me alegro de que no seas uno de tantos pollos desplumados que circulan por el mundo.

No dilato más. Ahora vas con la teoría más dura, (según parece).

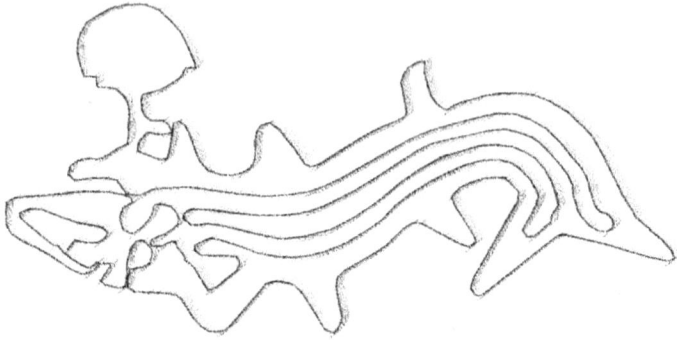

CAPITULO XIV

LO QUE NOS QUIERAN CONTAR

Para que Nazca funcione, dónde ningún elemento escapa a una función concreta, las diferentes capas deben ser comprendidas y combinadas adecuadamente, valorando la dimensión y la orientación como factores de suma relevancia, según las observaciones de Reiche.

Empecemos por las famosas líneas. Como ya comentamos están marcadas con gran contraste en el terreno y cruzan el valle de un extremo a otro. Son kilométricas y su función fue la de indicar una orientación, una vía de acceso o partida con una dirección concreta.

Una línea es el camino más corto entre dos puntos, los cuales pueden estar a distancias diferentes y en sentidos opuestos· Dichas líneas indican precisamente eso, la dirección; no el sentido, ni mucho menos la distancia hasta el objetivo·

Perfecto, aquí nos dices algo sumamente importante para nosotros. Mañana, y presta mucha, mucha atención, ya que pondremos nuestra propia vida en ello.

¿Qué digo? ¡No seas ansioso Sancho! Tú lo quieres siempre saber todo, deja un poco en el tintero.

¿Has entendido bien lo que he leído? ¡Dirección Sancho, a lo que estamos! Así que dirígete por esa línea hacia su flecha, ¡así! Sigo:

En segundo lugar, vemos los famosos rectángulos o polígonos principales que, como comentábamos son flechas· Éstas, de un colosal tamaño, hasta 150 metros de grosor y 1·500 metros de largo, sirven para indicar direcciones de igual manera que las líneas pero se distinguen en que su función principal era resaltar el sentido y orientación de dicha ruta, además de la distancia del recorrido a seguir·

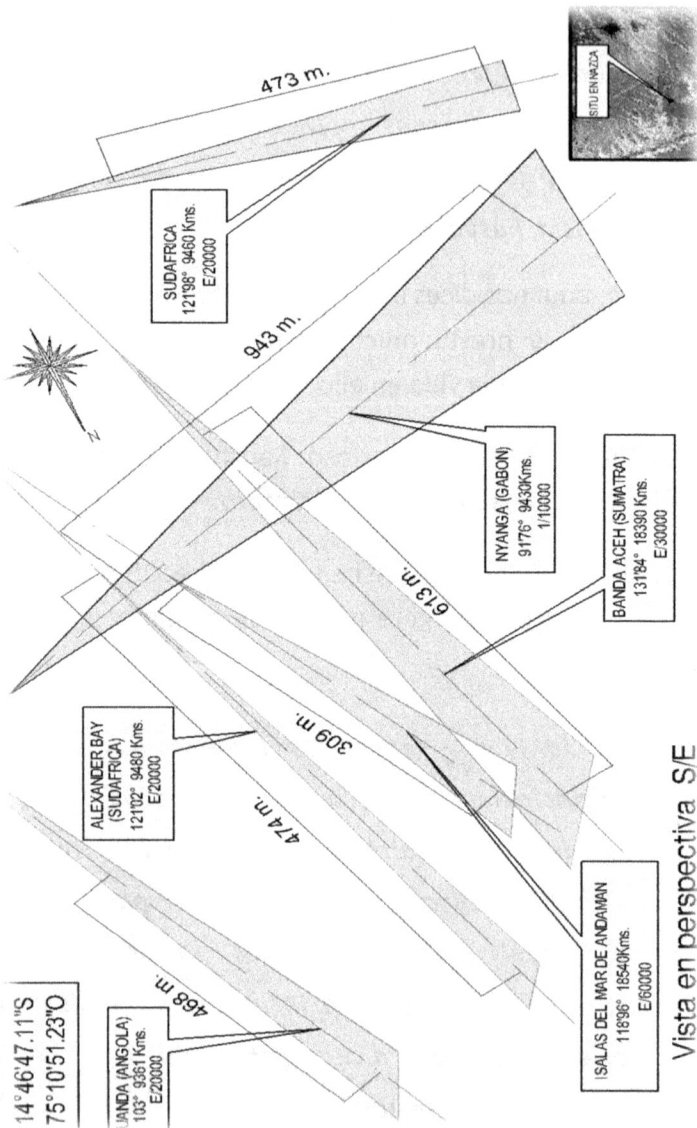

473 m.

SITU EN NAZCA

SUDAFRICA
12198° 9460 Kms.
E/20000

943 m.

NYANGA (GABON)
9176° 9430 Kms.
1/10000

BANDA ACEH (SUMATRA)
131184° 18390 Kms.
E/30000

613 m.

ALEXANDER BAY
(SUDAFRICA)
121102° 9480 Kms.
E/20000

309 m.

474 m.

468 m.

14°46'47.11"S
75°10'51.23"O

LUANDA (ANGOLA)
103° 9361 Kms.
E/20000

ISALAS DEL MAR DE ANDAMAN
118996° 18540Kms.
E/60000

Vista en perspectiva S/E

Flechas calculadas con el método simple.

154

¿Lo coges? Aquí pone para qué sirven estas flechas enormes. Es fácil. Es decir, que si mañana tomásemos una dirección de estas, llegaríamos a alguna parte. A ver como explicas eso, hasta ahora no sé hacia dónde iremos según tu cursillo. A ver, sigamos, ahora hablas más de la distancia.

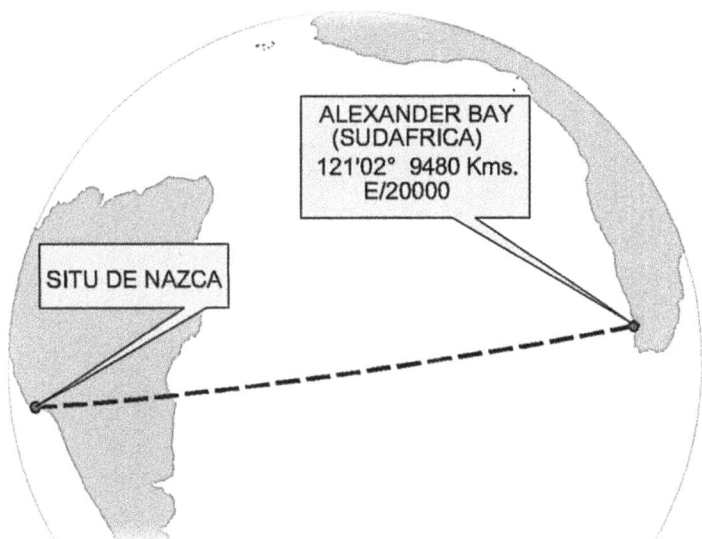

Dirección hacia Sudáfrica.

Esta distancia es directamente proporcional a la longitud del polígono, la cual se halla midiendo su longitud multiplicada por la escala que imponen otros elementos que luego comentaremos, como las líneas de cota y líneas de referencia·

155

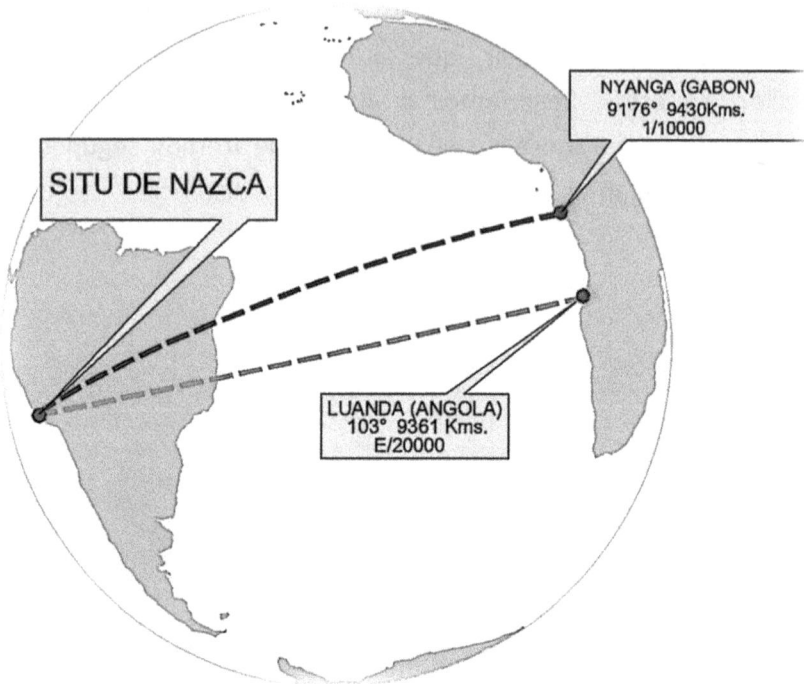

Direcciones hacia costas africanas.

Uf, si antes rizaste el rizo ahora me acabas de complicar la vida ¿cómo se explica esto? Espera, dice que la distancia que hay hasta nuestro destino, por ejemplo al que iremos mañana, se mide con la calculadora. Tú multiplicas lo que mide ese tremendo polígono, (ya sabes, según la velocidad a la que vas, haces un cálculo estimado de cuánto mide al recorrerlo, es sencillo) Afirmas por la escala que te dan otras líneas ¿pero cómo se come esto? Hay momentos en tu teoría en que hasta yo me pierdo. Sigamos, quizás lo aclare por aquí.

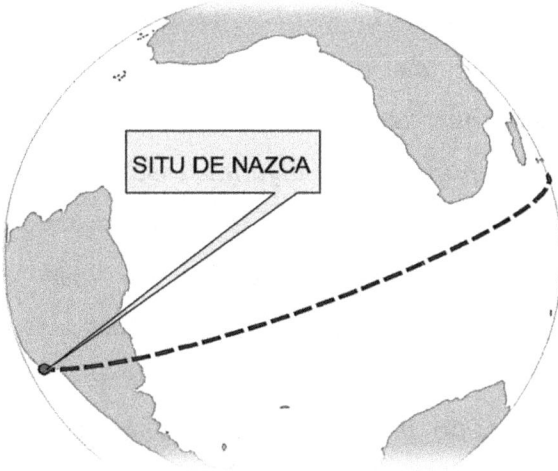

Circundaban el globo en todas las direcciones.

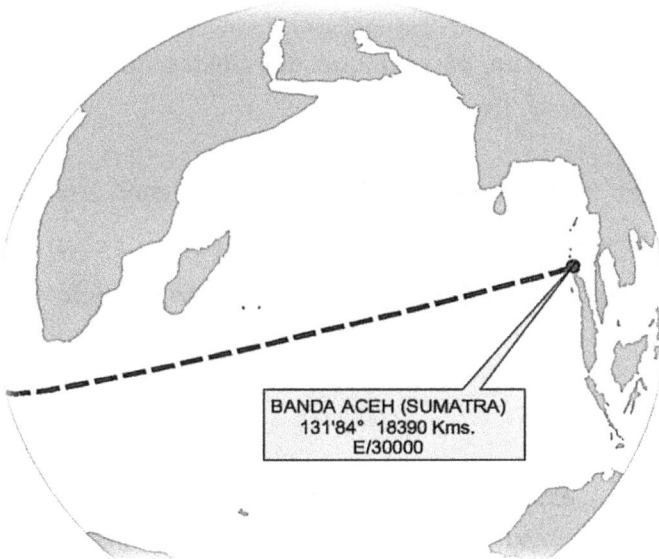

Llegaban hasta el otro lado del mundo.

Como en páginas atrás hemos dicho estos rectángulos constan de una superficie poligonal a un menor contraste que las kilométricas líneas y en ellos se distinguen dos puntos, en algunos casos incluso tres, de color oscuro, los cuales se alinean sobre el eje poligonal afianzando la dirección de la línea· Evidentemente, estos polígonos están adosados por el eje que imponen dichos puntos a las líneas, y éstas confirman la dirección marcada por el polígono·

Los vemos. Veo los puntos. Hasta ahí llegamos. Los puntos y la línea que va por el centro son visibles. Por ahora lo cojo ¿tu?

Ahora viene un párrafo que demuestra que ya habías «entrado por el aro». Escucha, escucha.

Estos rumbos principales serian los más utilizados por los aeronavegantes de la antigüedad, necesitando ser resaltados incluso con más precisión debido a su relevancia·

¿Ves?

Adosadas a éstos, y también por separado, nos encontramos las flechas que, repartidas por el plano, se orientan en todas las direcciones· Estas flechas tienen unos tamaños que van desde los 100 metros por 20 de ancho, hasta los 1·500 metros de largo por 150 metros de ancho· Su número es mayor incluso que el de las mismas líneas· El motivo por el cual van adosadas y centradas al eje con algunas líneas es precisamente el de completar su significado ya que aportan un sentido en concreto a la dirección indicada por dicha línea, de igual modo que sus hermanas mayores, (los polígonos y flechas) cortados con intencionalidad·

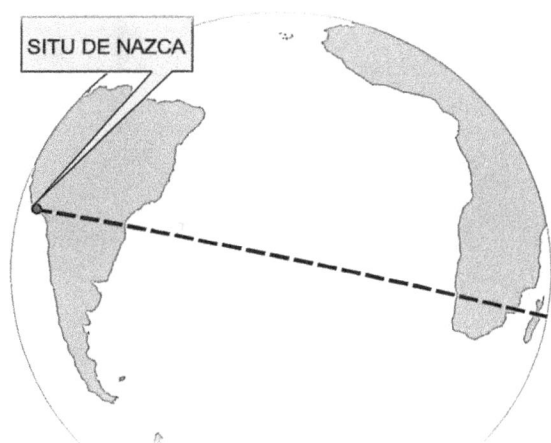

Atravesaban los continentes.

Bien, con la flecha lo tenemos aún más fácil. No eran dos direcciones, aquí la duda no existe, aquí sabes hacia dónde dirigirte sin titubeos.

Otras siguen estos polígonos en direcciones opuestas y algunas sueltas, más pequeñas, indican direcciones de menor relevancia·

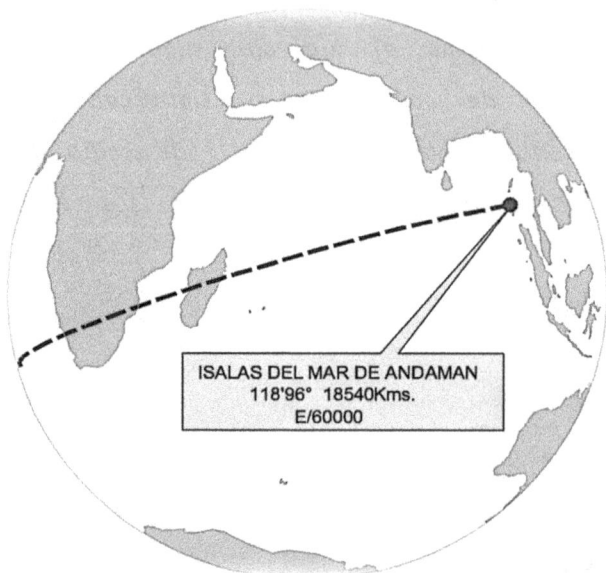

ISALAS DEL MAR DE ANDAMAN
118'96° 18540Kms.
E/60000

Localizaban varios puntos de costa.

Digo menor relevancia en cuanto a que la distancia del recorrido es menor, no por la importancia política o económica, ni por el poco o mucho uso que se hacía de la misma· Lo importante era la vida, la vida de estos aeronautas que, confiando ciegamente en esta información, se adentraban en los más inmensos y peligrosos océanos jugándose la vida misma·

CONO SUR ARGENTINO
17804° 4200 Kms.
E/10000

ISLAS FIYI
24765° 11115 Kms.

ISLAS MALVINAS
16660° 5200 Kms.
E/10000

SITU EN NAZCA

420 m.

424 m.

PENINSULA ANTARTICA
17034° 5750 Kms.

575 m.

565 m.

564 m.

PENINSULA ANTARTICA
16921° 5640 Kms.
E/10000

COSTA BRASIL
6897° 3575 Kms.
E/10000

N

14°41'19.91"S
75°7'21.72"O

Vista en perspectiva S/E

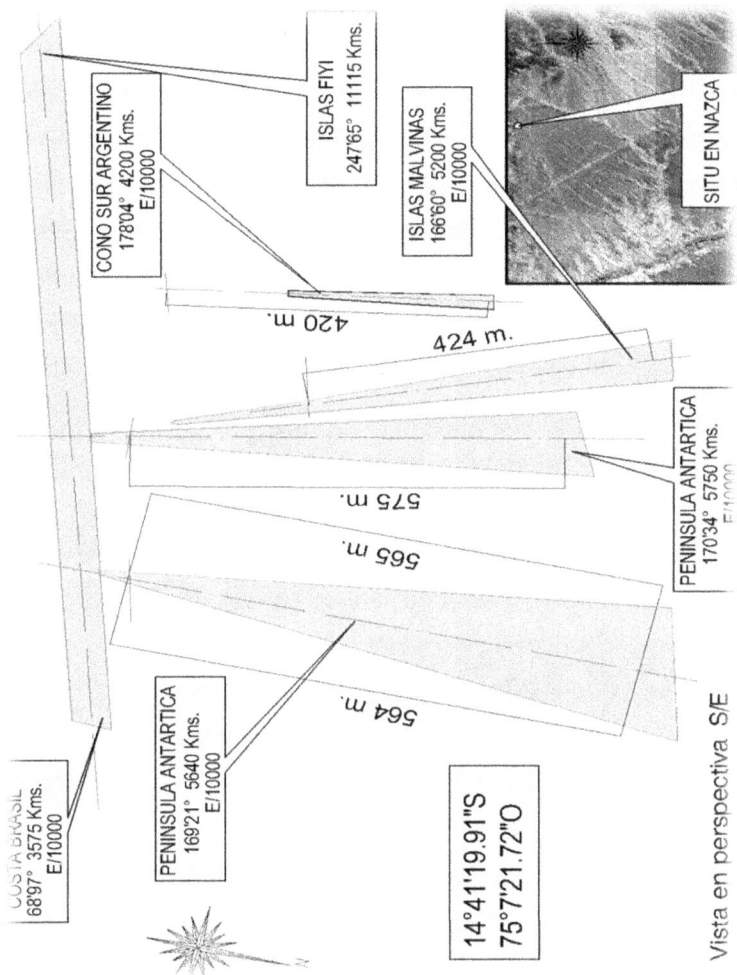

Flechas orientadas al Sur.

Aquí me gusta mucho cómo te expresas. Cómo se nota que ya llevabas tiempo estando a mi lado, hasta se te había pegado esa verborrea tan característica mía.

Vamos con más pero dame un segundo, tanta teoría me ha dado ganas de un café. Tampoco despreciaría un cigarro.

¿Quieres algo? ¿Una chocolatina? ¡Oh espera! A ver si encuentro por ahí la barrita que siempre llevas de Special K. Tú siempre queriendo estar tan en forma, tan recto, tan dispuesto y luego te tomas el café con tanto azúcar como yo ¡di que sí, te llevo uno!

Qué bueno está este café que me llevé de la mesa del restaurante, aquel de Colombia donde probamos aquellos «frijoles ardientes». Sigamos con la siguiente carta. Aquí vas a saco con la teoría, intentaremos aprovechar para hacer un poquito más de vuelo sobre Nazca.

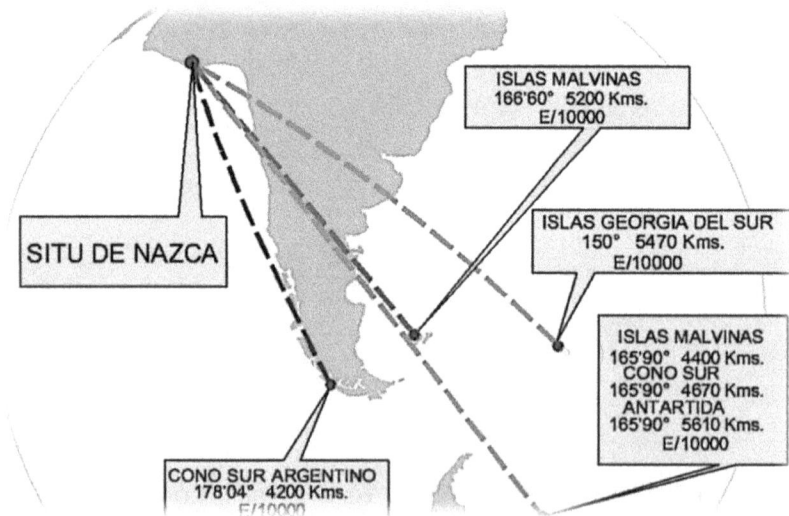

ISLAS MALVINAS
166'60° 5200 Kms.
E/10000

ISLAS GEORGIA DEL SUR
150° 5470 Kms.
E/10000

SITU DE NAZCA

ISLAS MALVINAS
165'90° 4400 Kms.
CONO SUR
165'90° 4670 Kms.
ANTARTIDA
165'90° 5610 Kms.
E/10000

CONO SUR ARGENTINO
178'04° 4200 Kms.
E/10000

Llegaban a las zonas más inhóspitas del Sur.

"DIRECCIONES DE LAS FLECHAS DE NAZCA"

Los dos tipos de flechas contienen gran funcionalidad. Indican por un lado un sentido y orientación, y por otro, la distancia hacia el objetivo. Hay que diferenciar tres clases de orientación para las flechas:

1_ La dirección ofrecida por el eje longitudinal que se obtiene de la misma flecha tomando primero como punto de referencia el punto central o medio de la línea posterior o «de base», y como segundo punto, la punta misma de la flecha.

2_ En algunas flechas, por cuestiones de espacio, este eje se ha modificado desplazando el punto de referencia posterior lateralmente.

3_ La dirección que se obtiene al calcular la línea que parte desde la punta de esa misma flecha para cruzar posteriormente todo el valle.

163

SITU EN NAZCA

SINGAPUR
176'94° 18240 Kms.

14°41'29.64"S
75°9'18.87"O

457.5 m.

452 m.

SUMATRA
91'76° 17900Kms.
1/40000

SUMATRA
166'29° 18025Kms.
1/40000

N

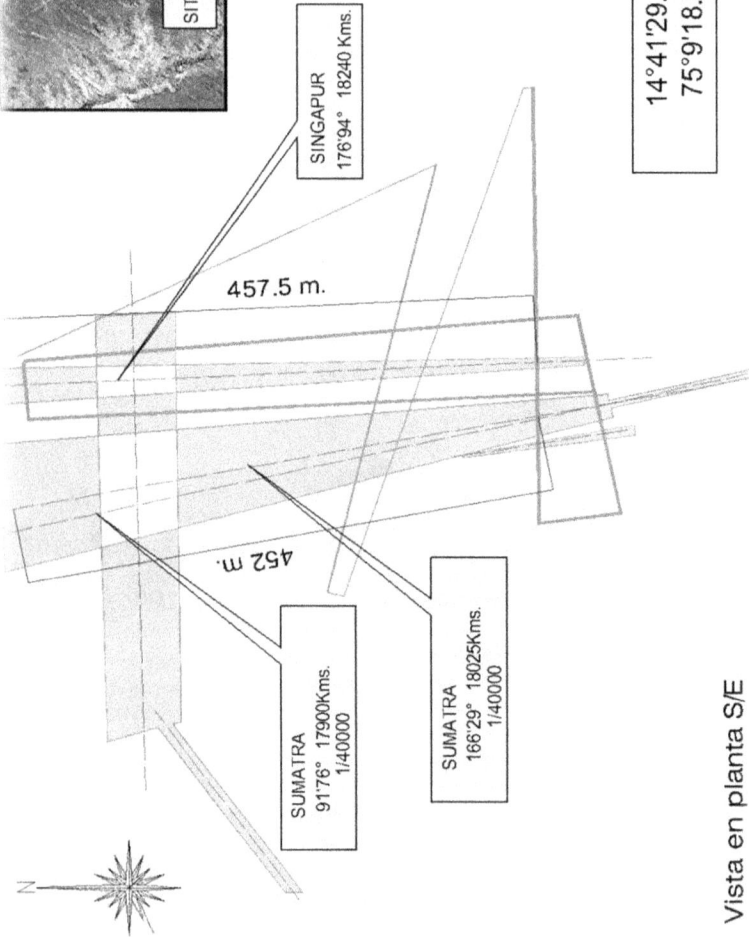

Vista en planta S/E

Plano de flechas con múltiples direcciones.

164

Estas son las opciones de las que disponemos para encontrar los rumbos; siendo en ocasiones válido, incluso el tomar la dirección opuesta·

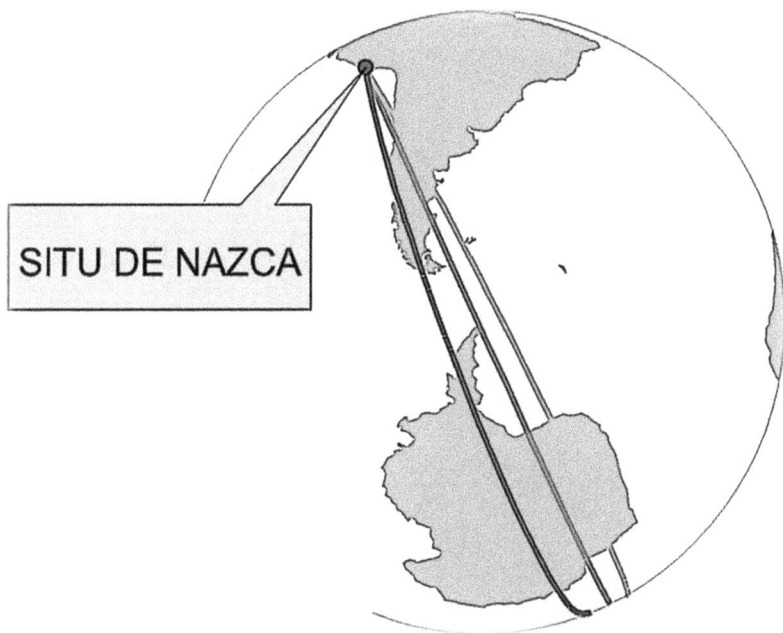

SITU DE NAZCA

Una flecha para varios rumbos.

Bien, prueba con esa que tiene varias direcciones. Es perfecta, porque indica que a pesar de ser multidireccional tan sólo tiene un sentido ¡hacia allí! Vete hasta ella. Cuando lleguemos, muy despacio, te alineas con la dirección que sea. La central de la flecha, por ejemplo ¡ahí la tienes, alinéate! No está mal. No la pierdas ¡cuidado!, ¡estupendo!, Ya lo tienes todo bajo control. Bueno, no todo; sigamos. Siguiente «lección de cocina» al estilo Sancho.

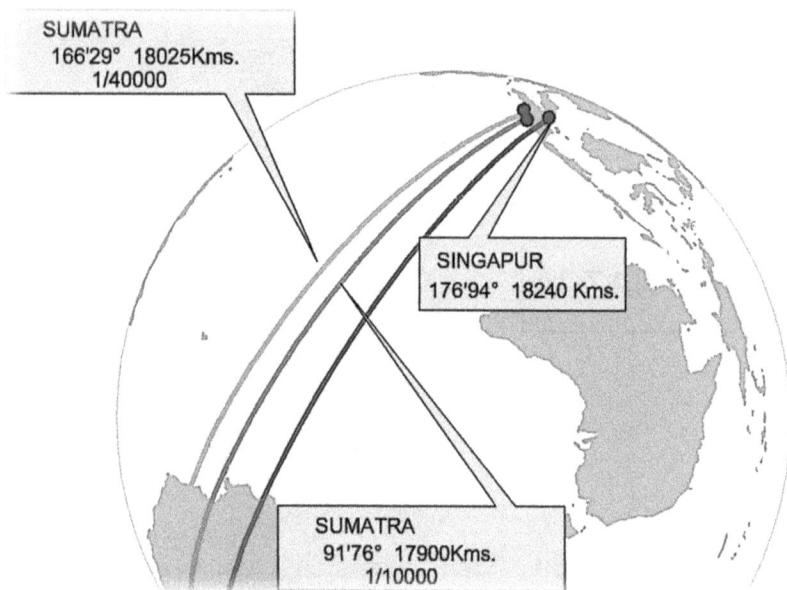

SUMATRA
166'29° 18025Kms.
1/40000

SINGAPUR
176'94° 18240 Kms.

SUMATRA
91'76° 17900Kms.
1/10000

Una flecha para diferentes puntos de costa.

DIMENSIONES y TIPOLOGÍA DE LAS "FLECHAS DE NAZCA"

Ya que hemos hablado de dirección, hablaremos ahora de dimensión· Las flechas nos indican también una medida· Ésta se halla de varias maneras según las flechas sean simples o complejas·

FLECHAS SIMPLES - TIPOLOGÍA

Las flechas triangulares sencillas, constan de una geometría triangular intacta acompañada en ocasiones de una o varias líneas gruesas aportando varias direcciones distintas. Estas se encuentran mayormente en el exterior del valle, en zonas con arena diferente.

¡Vamos hasta allí para verlas! Aléjate de la llanura central, la más conocida. Qué curioso, lo más conocido hasta ahora es lo más complejo. Bueno al menos una de las zonas más complejas. Me reservo un as en la manga. Allá están. Son más grises, más oscuras incluso, pero vamos al texto.

Son las más sencillas y las que más claramente indican el rumbo y la longitud porque están separadas de más elementos que alguna otra línea. Mediante simples puntos de indicación se puede extraer la longitud.

En ellas, la medida se halla desde un punto cercano al eje de la base de la flecha, hasta la marca del extremo opuesto; es decir, la punta de la misma flecha.

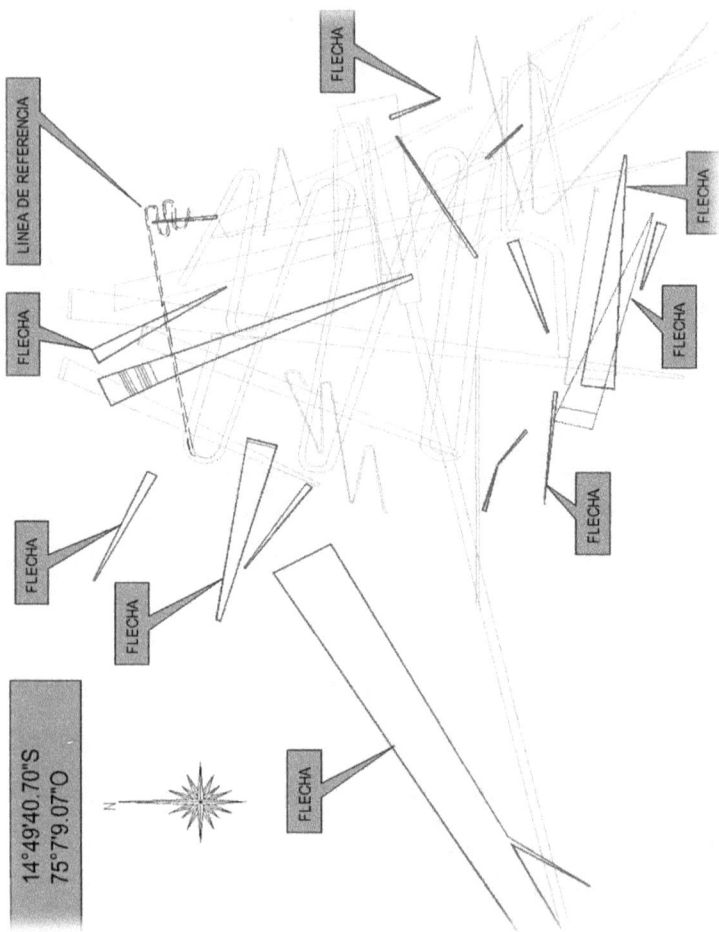

Plano orientativo sobre flechas simples.

Esta medida es multiplicada por la escala impuesta por unas marcas situadas en sus laterales, las cuales muestran una longitud directamente proporcional a dicha escala·

Vale, yo me voy enterando. En estas no hay mucho qué hacer. Es decir que la longitud a lo mejor es de 1 km, vale, y las marcas laterales son de 100 metros es decir si hablamos en esta escala, la de kilómetros es sencillo: 1 (1km) por .1 (100m). Ok captado. Ahora sigues con una tipificación que has hecho de sus diferentes clases. Muy inteligente el hombre, a mí ni se me habría ocurrido.

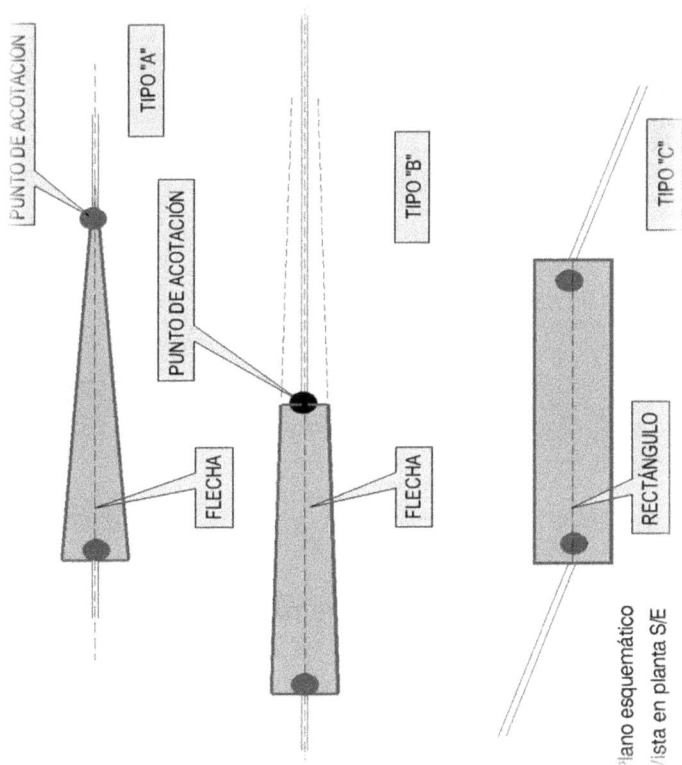

Método de acotación en las flechas simples.

Las flechas «incompletas» son aquellas que tienen una geometría triangular inacabada· Constan de los mismos atributos que las simples pero aportando un corte de cota al cortar la flecha·

Ahí tienes una. Se nota que es una flecha a leguas, cortada, pero una flecha como un pueblo de grande.

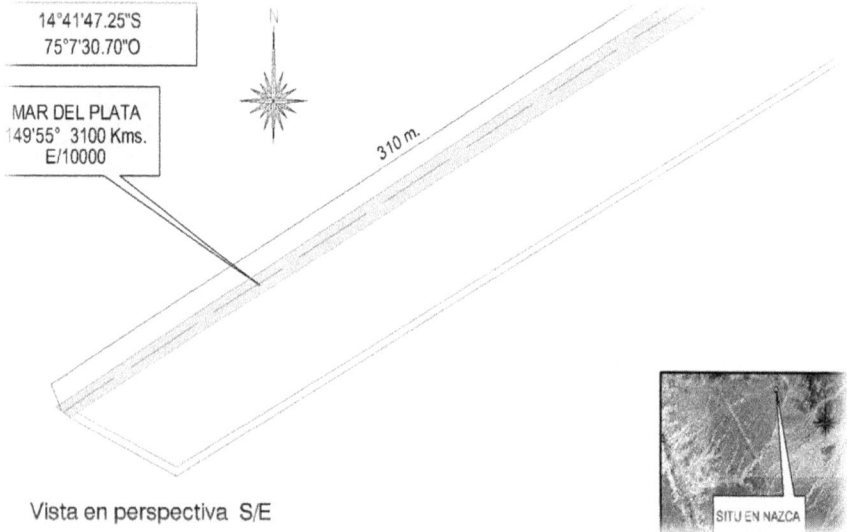

14°41'47.25"S
75°7'30.70"O

MAR DEL PLATA
149'55° 3100 Kms.
E/10000

310 m.

N

Vista en perspectiva S/E

SITU EN NAZCA

Flecha orientada hacia tierras australes.

Las «flechas de tablero simples», son una variante, están dentro del valle de Nazca mismo y acompañan a los ya famosos mono, araña, alcatraz, espiral... etc· Se distinguen de las demás porque están *acotadas, es decir, están acompañadas de cotas que marcan el inicio y el final del recorrido indicando la longitud·*

Las costas más cercanas también eran ubicadas.

Volvamos a la llanura central para verlas. No hace falta mucho porque las hay por todas partes. Ahí tenemos la primera, la segunda, la 50... Son tantas, que en nada nos encontramos con todo un ejército de flechas de estas. Pero ¿no les ves nada en común? Todas vienen con su equipo adosado. No hay flecha sin todo ese arsenal informativo. Y para equipos lo que viene ahora. Uf ahí vienen las más difíciles, las más enormes, en definitiva las más divertidas.

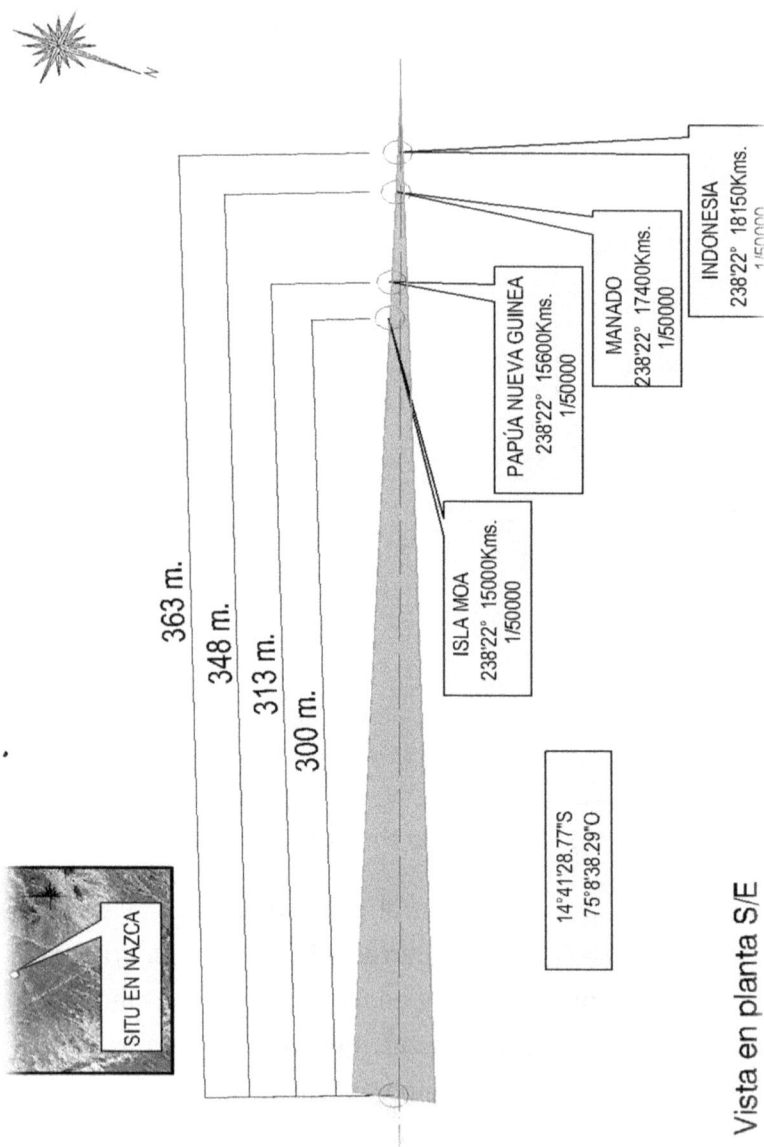

363 m.

348 m.

313 m.

300 m.

SITU EN NAZCA

ISLA MOA
238'22° 15000Kms.
1/50000

PAPÚA NUEVA GUINEA
238'22° 15600Kms.
1/50000

MANADO
238'22° 17400Kms.
1/50000

INDONESIA
238'22° 18150Kms.
1/50000

14°41'28.77"S
75°8'38.29"O

Vista en planta S/E

Plano de ejemplo de flecha simple.

FLECHAS COMPLEJAS

Estas flechas, que se hallan formando grandes tableros en las llanuras centrales, están completadas con más elementos y su funcionamiento es diferente ya que estas partes adicionales son un aporte complementario a la información que obtenemos de la misma flecha, dando así no sólo claridad y precisión a la marca, sino también designando otros datos como objetivos intermedios y escalas diferentes·

Las flechas de tablero complejas combinan varios rumbos, escalas y longitudes distintas· Son las mejores creaciones de los nazca y seguramente, los destinos de mayor importancia·

Nunca hemos estado tan de acuerdo en nada, son increíbles. Lo que te decía antes de llegar a Nazca, a lo que me refería yo, es que la concepción de quién hubo de diseñar tan complejo plano debió de ser prodigiosa ¿de dónde salió?

Sigo. Parece que aquí me voy a enterar de lo que decías antes, a ver:

Para entender el funcionamiento de estas flechas complejas, es necesario conocer tres clases de elementos

173

más: las «líneas de cota», las líneas de «corte o referencia» y las «marcas de escala»·

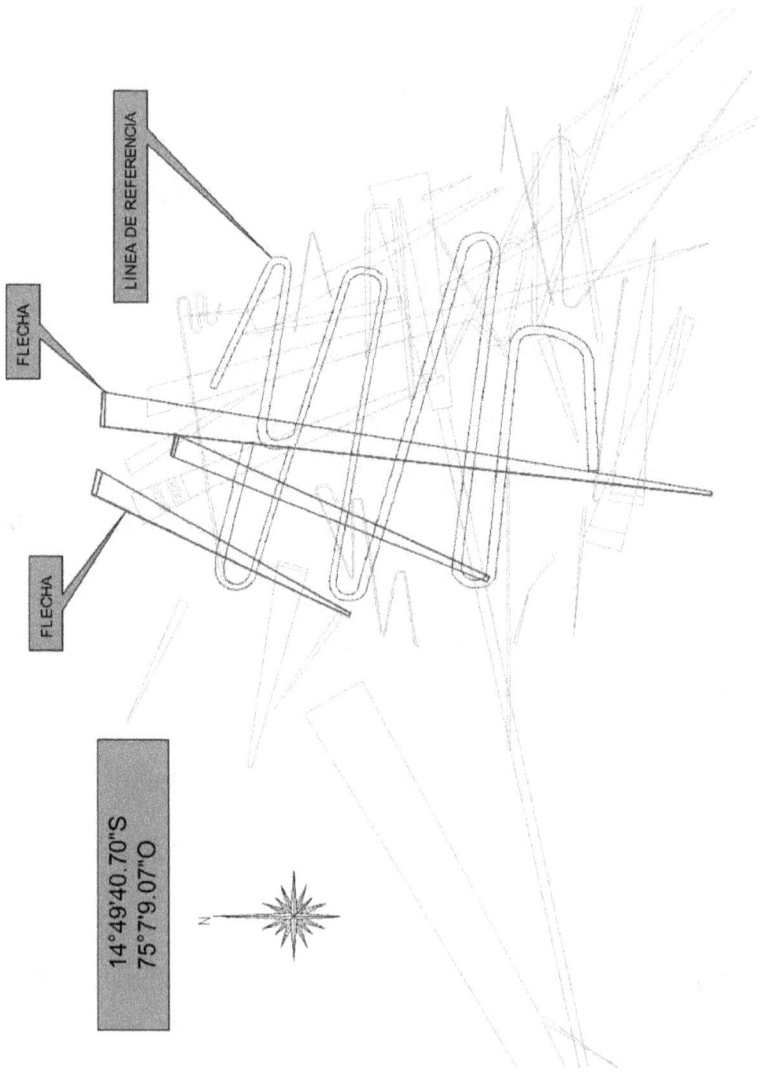

Plano procedente de la zona al sur de Nazca.

LÍNEAS DE COTA

Son unas líneas de poco grosor y se distinguen por ir acompañando longitudinalmente a estas «flechas complejas»· Su función es la de resaltar el INICIO y el FINAL de la distancia o el valor a multiplicar·

Sí, las vimos antes, ¿te acuerdas? Esa flecha tiene una que la define bastante bien. Por lo que a nosotros respecta no cabe duda de que allí, donde corta, se sabe bien que es donde acaba el recorrido. Como cuando mandas cortar un madero con un croquis. Le pones 40 cm por 30 cm por ejemplo. Eso es lo que aquí se ve. Sin duda, esto significa hoy y siempre la distancia total. Continúo;

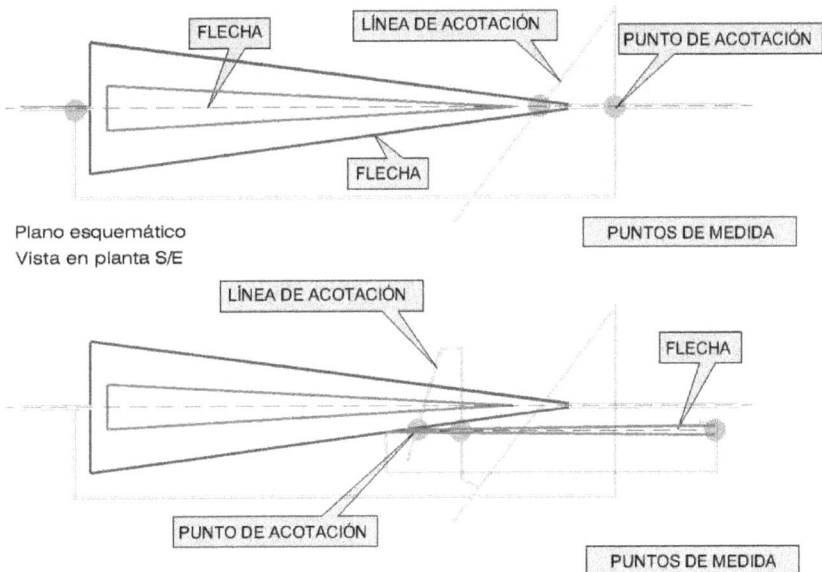

Plano orientativo sobre los elementos adicionales a las flechas.

175

LÍNEAS DE CORTE O REFERENCIA

Estas son líneas que se encuentran en estos marcos y atraviesan la flecha transversalmente, es decir, la cruzan marcando un punto intermedio; otro punto a valorar en dicho cálculo· En ocasiones vuelven a cruzarla indicando más puntos de referencia·

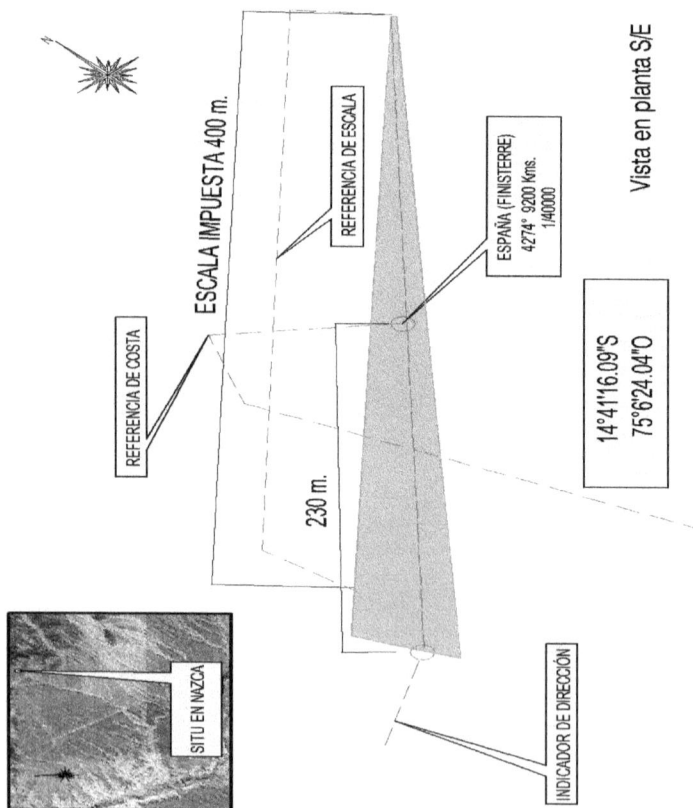

Flecha orientada hacia costas españolas.

Las hemos visto ya antes, el equipamiento adicional. Sí, claramente veo que se entrecruzan pero de un modo muy limpio, muy indicativo. No me da lugar a errores. Lo estás cogiendo ¿no, Sancho? Te recuerdo que tienes que aprenderte el sistema si no mañana lo vamos a tener muy crudo en tu examen, el de Nazca, el del Gran Plano de Nazca. Vamos a más. Ya no nos queda mucha gasolina, pronto bajaremos. Te iré contando el porqué y el cómo de tu examen. Ahora señorito, teoría.

MARCAS DE ESCALA

Estas son las indicadoras de la escala a la que se trabaja, las cuales comentaremos al explicar los diferentes tipos de cálculo. Su medida era directamente proporcional a la escala aplicada.

Vale, estas son como las de las flechas simples pero más largas, aunque no entiendo por qué pones aquí que hay diferentes tipos de cálculo ¿sabes? Cuando lo estudiamos juntos yo me quedé en la parte de la multiplicación y aquello ya era bastante porque no tenía ni idea de que habías encontrado la manera de multiplicar en esas enormes flechas de tablero. Ya van unos cuantos «ases» en la manga que te pillo, querido amigo.

Para lo que viene nos dirigiremos hacia el centro de la llanura. Allí existen ejemplos de lo que vas a comentar, los grandes prodigios de la técnica de Nazca. Impresionantes ¡qué maravilla! Las grandes intersecciones lineales…

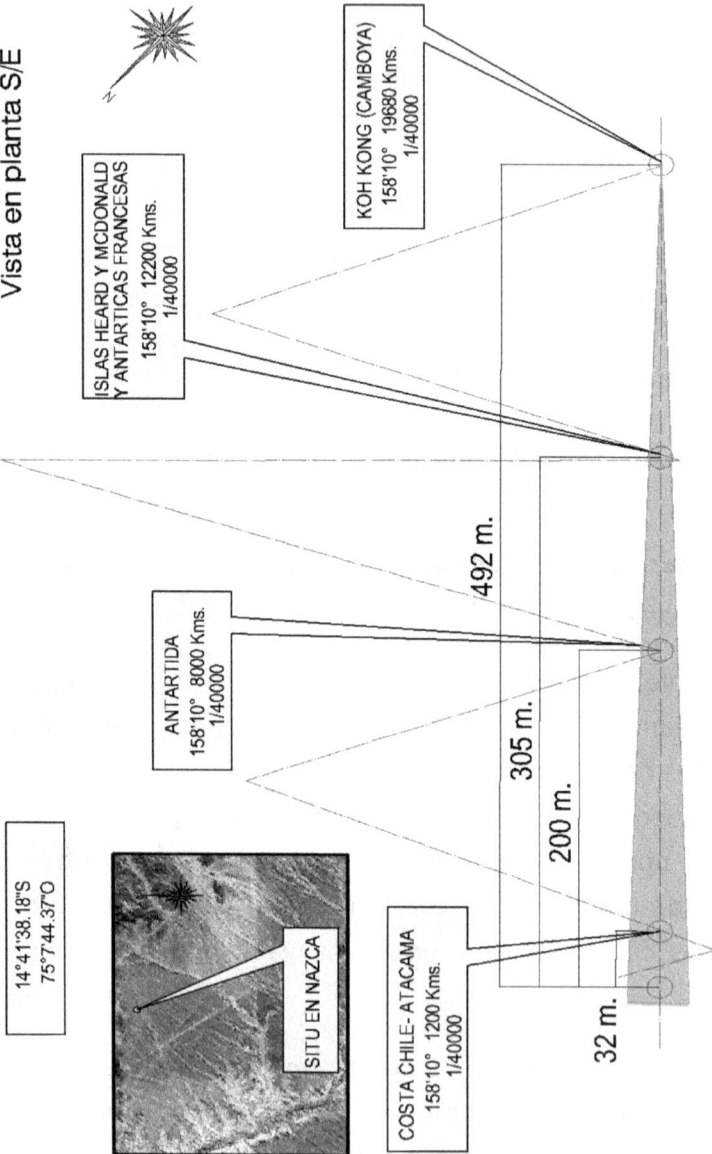

Vista en planta S/E

KOH KONG (CAMBOYA)
158'10° 19680 Kms.
1/40000

ISLAS HEARD Y MCDONALD
Y ANTARTICAS FRANCESAS
158'10° 12200 Kms.
1/40000

ANTARTIDA
158'10° 8000 Kms.
1/40000

14° 41'38.18'S
75° 7'44.37'O

SITU EN NAZCA

COSTA CHILE- ATACAMA
158'10° 1200 Kms.
1/40000

492 m.

305 m.

200 m.

32 m.

Flecha con destinos múltiples.

INTERSECCIONES

Las intersecciones son las mayores formaciones de Nazca, combinan flechas en direcciones opuestas y escalas diferentes. Éstas suponen el mayor logro de ingeniería en el pasado además de suponer un profundo conocimiento de toda la geografía terrestre.

El análisis de este tipo de intersecciones nos aporta direcciones y distancias correspondientes a diversos puntos de costa en el planeta.

Estos diseños son grandes agrupaciones de flechas. Utilizan tipos diferentes de estas para conseguir desarrollar el cálculo. Combinando flechas en diferentes direcciones y aplicando la escala según el tipo de flecha, se consigue el resultado además de un «ahorro extra» de terreno y así evitar toda confusión lineal.

Sí, creo que luego comentas eso del ahorro de espacio, aquello que te insinué nada más llegar, algo que les importaba; teniendo en cuenta que había tantas flechas como direcciones se pueden tomar.

Estas intersecciones tenían precisamente esa función. El ejemplo aportado es sólo una pequeña muestra de lo que en Nazca se esconde.

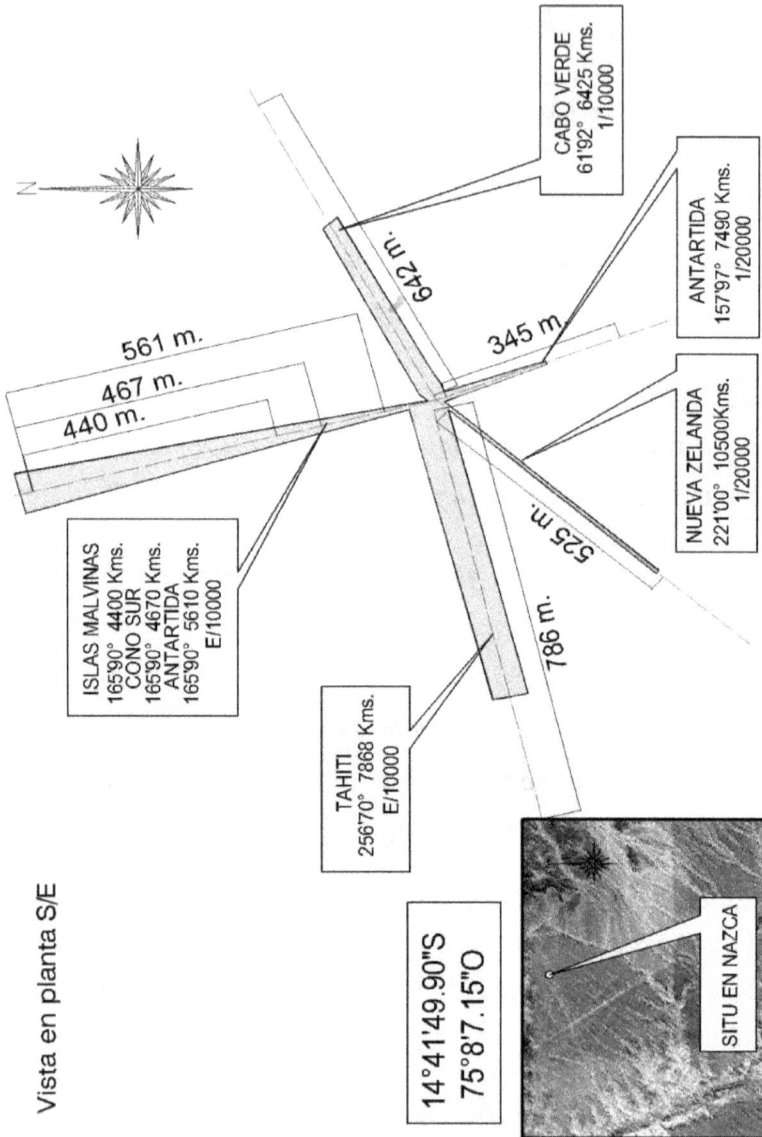

Vista en planta S/E

CABO VERDE
6192° 6425 Kms.
1/10000

ANTARTIDA
157'97° 7490 Kms.
1/20000

NUEVA ZELANDA
221'00° 10500Kms.
1/20000

642 m.

345 m

561 m.

467 m.

440 m.

525 m.

786 m.

ISLAS MALVINAS
16590° 4400 Kms.
CONO SUR
16590° 4670 Kms.
ANTARTIDA
16590° 5610 Kms.
E/10000

TAHITI
256'70° 7868 Kms.
E/10000

14°41'49.90"S
75°8'7.15"O

SITU EN NAZCA

Plano sobre una de las intersecciones en Nazca.

180

Están en esta pampa por todas partes y son los elementos más interesantes en el estudio de este gran plano.

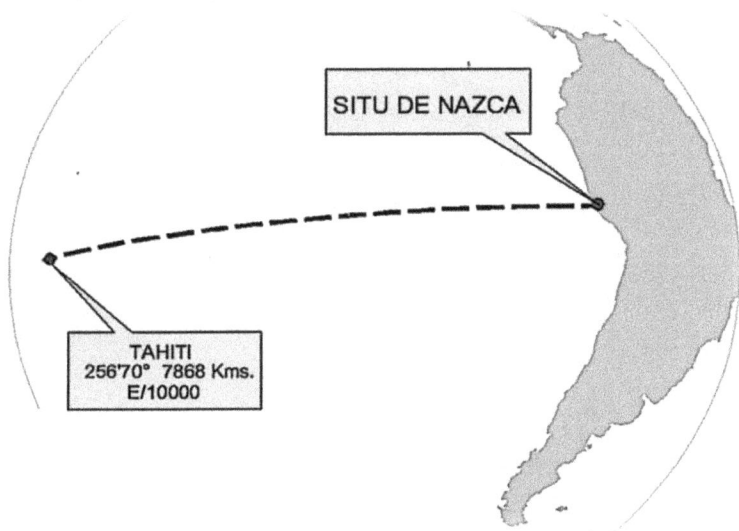

Localizaban las islas más remotas.

Vale, hasta ahora lo bonito. Bueno, no hemos hablado aún de las figuras a fondo, supongo que lo dejarás para luego, por lo que veo no has dejado nada al azar. Aquí aportas unos planos ¡perfecto! De cualquier otra forma sería difícil comprenderlo todo.

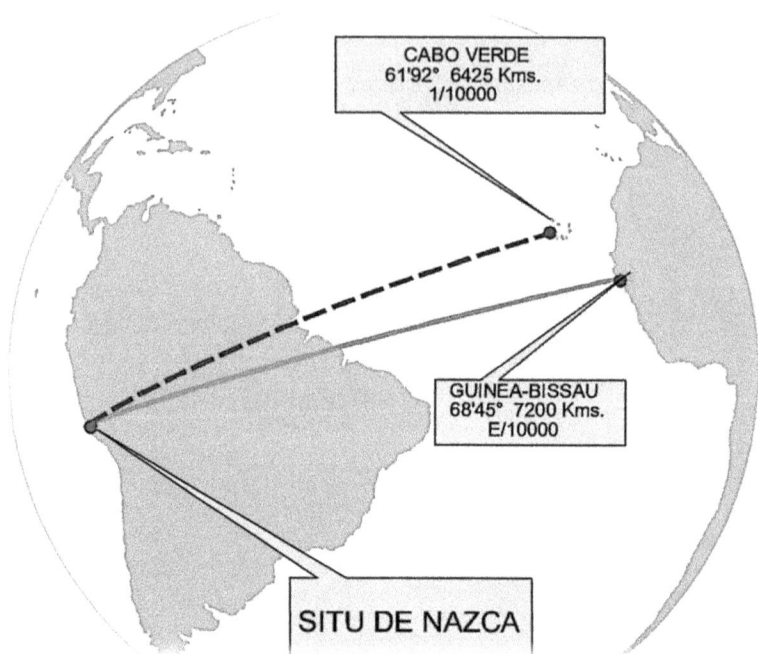

CABO VERDE
61'92° 6425 Kms.
1/10000

GUINEA-BISSAU
68'45° 7200 Kms.
E/10000

SITU DE NAZCA

Llegaban a nuestras costas más cercanas.

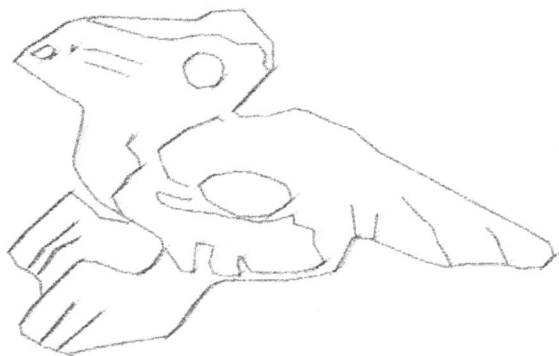

CAPITULO XV

DEMASIADO INMENSO, COMPLEJO

DIFERENTES MÉTODOS DE ESCALA

Existen dos comportamientos diferentes al multiplicar:

EL MÉTODO SIMPLE: multiplicar la distancia total de la flecha por la escala impuesta por la «marca de escala». Este método es usado en las flechas simples.

Para poder entenderlo tomemos la distancia total de una flecha (ej. 700m) y multipliquémosla por la distancia de la marca de escala (ej. 100m), esto daría el resultado de 7.000km.

FORMULA DE LAS FLECHAS SIMPLES:

DISTANCIA TOTAL (EJ· 0·7KM) X ESCALA 1/10·000 = PUNTO DE COSTA (EJ·7000KM)

Ok, querido amigo, ese ya me lo sé. A ver el siguiente. Sacaré la calculadora para que no me pilles en pañales. Escucha;

EL MÉTODO COMPLEJO implica:

Primero, el interpretar la distancia total de la «LÍNEA DE COTA» como la distancia total hasta el otro extremo del globo (CAMBOYA, cerca de ANGKOR), unos 20·000 KM Aprox·

Segundo, el medir la distancia hasta el punto intermedio de la medida (LA LÍNEA DE REFERENCIA)·

Y tercero, hacer un sencillo cálculo de «REGLA DE TRES» multiplicando esa "medida intermedia" por la escala impuesta por la «LÍNEA DE COTA»·

¡AH! Acabas de hablar de Angkor Bath, aquellos templos milenarios que tendremos que lograr ver. Bueno, eso al menos si llegamos, claro.

Este plano es más complejo, sin duda. Sigo.

Con dicho cálculo se consigue la distancia total de kilómetros necesarios para llegar a las costas del mundo en esa misma dirección.

Para poder comprenderlo, pondremos un ejemplo: si la distancia total de la línea de cota es de 1km y la distancia total de la tierra son unos 20·000kms, la escala a trabajar sería de 1/20·000, y si el punto intermedio o la línea de referencia está a 500m (la mitad), el objetivo estará a 10·000kms.

Otro ejemplo menos reconocible es el de las flechas complejas de 800m. Dividiendo la distancia total hasta el otro lado del globo (20·000kms) entre esta distancia, obtenemos la escala 1/25·000. En este caso no tan inusual, la longitud de la línea de referencia (la distancia intermedia), se multiplica por esta escala, consiguiendo así el resultado apropiado para llegar a la costa en esa dirección.

LA FÓRMULA EN FLECHAS COMPLEJAS:

DISTANCIA TOTAL DE LA TIERRA (20·000KM)/ LONGITUD DE LÍNEA DE COTA (0·8KM)= ESCALA (EJ·1/25·000) X LONGITUD MARCA DE REFERENCIA (EJ· 0·5KM) =

DISTANCIA HACIA EL PUNTO DE COSTA INDICADO
(EJ· 12·500KM)·

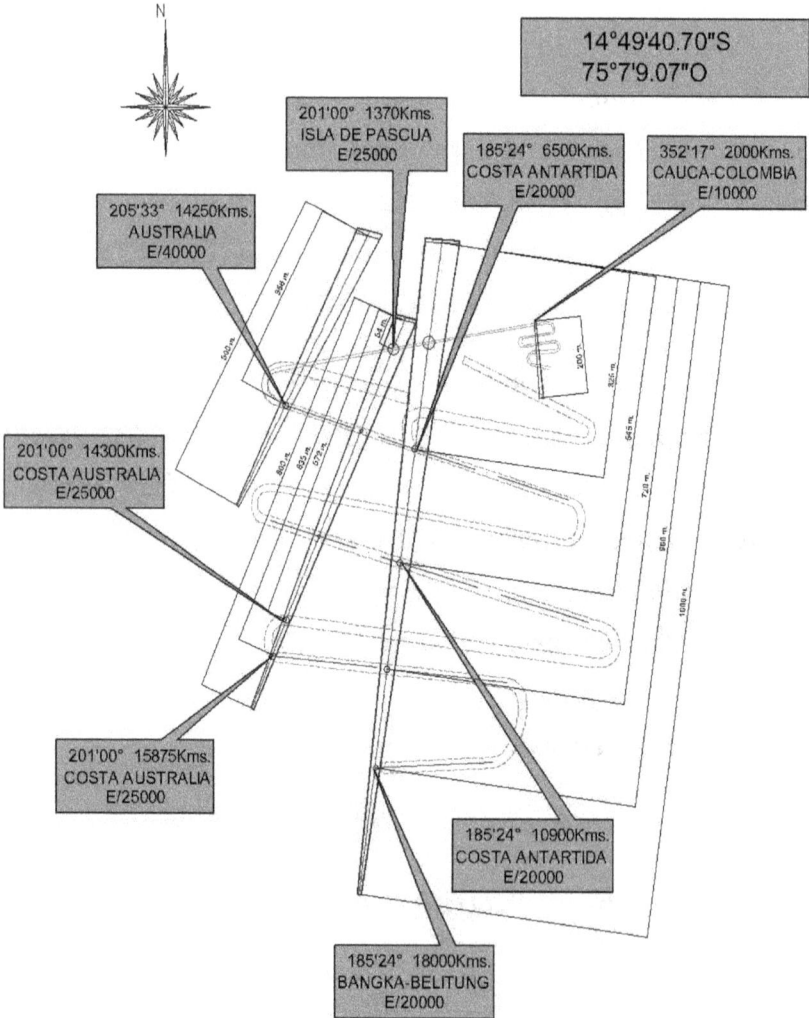

Flechas calculadas con el método complejo.

Me has dejado sin palabras. No sé qué calcular. ¿Cómo? Si la distancia hasta las antípodas de este gran plano, a dónde vamos mañana, Camboya, son 20.000Km más o menos, y si la flecha es de, por ejemplo 1km, ya sé la escala ¿así de sencillo? ¿Escala 20.000? Entonces ¿qué hago para saber el punto de costa? Explícamelo otra vez para eso eres el inventor.

Ya, ya sé que los inventores murieron hace milenios. Eso, mi querido amigo, no me simplifica las cosas. Es más, aún me produce más desconcierto y me desorienta. Algo totalmente opuesto a lo que intenta este plano: orientar.

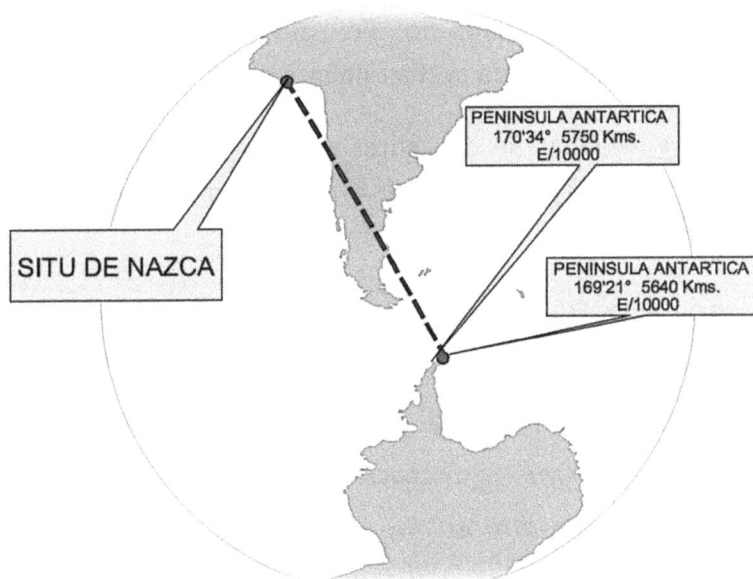

Conocían zonas inexploradas hasta miles de años después.

187

Se ve que no es un código sumamente sencillo, pero por lo que puedo ver, cada cosa es esencial si querían indicar los puntos de costa. Aquí no sobra nada, todo es necesario.

¿Cómo? ¿Que la escala del punto de costa la obtienes cuando sabes lo que mide desde su base hasta ese punto? ¿Y lo multiplicas por lo que acabas de deducir ahora, cuando te referías a Angkor, te da la escala?, ¿lo he entendido bien?

Ok, entonces, en el ejemplo que yo te decía (escala 20.000 Km si el punto intermedio que te marca esa «línea de referencia» es digamos, 745 m) tenemos que multiplicar estas cifras ¿no? ¿2.0000 por 0.745? Nos da 14.900, y ¿te han dado esas longitudes en costa? Según veo en los planos sí. Es más, no te fijas en cualquier sitio, no. En esas dichosas líneas de referencia, se ve su trazado perfectamente.

Antes hablabas de diferentes direcciones en una misma flecha para ahorrar espacio, pero ahora vas a hablar de otra cosa, escalas múltiples. La cosa se complica.

Estas flechas están unas montadas encima de otras pero en ocasiones, se superponen utilizando incluso el mismo ángulo de orientación· En estos casos, siguiendo la misma orientación, se encuentran dos objetivos de costa diferentes: uno, el de la flecha más pequeña, al que se llega utilizando la escala proporcional al grosor de dicha flecha multiplicada por la longitud de la misma· Y dos, la flecha más grande, con la que pasa de igual modo, dando este un resultado mucho mayor· Esta medida fue necesaria si se quería aprovechar convenientemente este terreno·

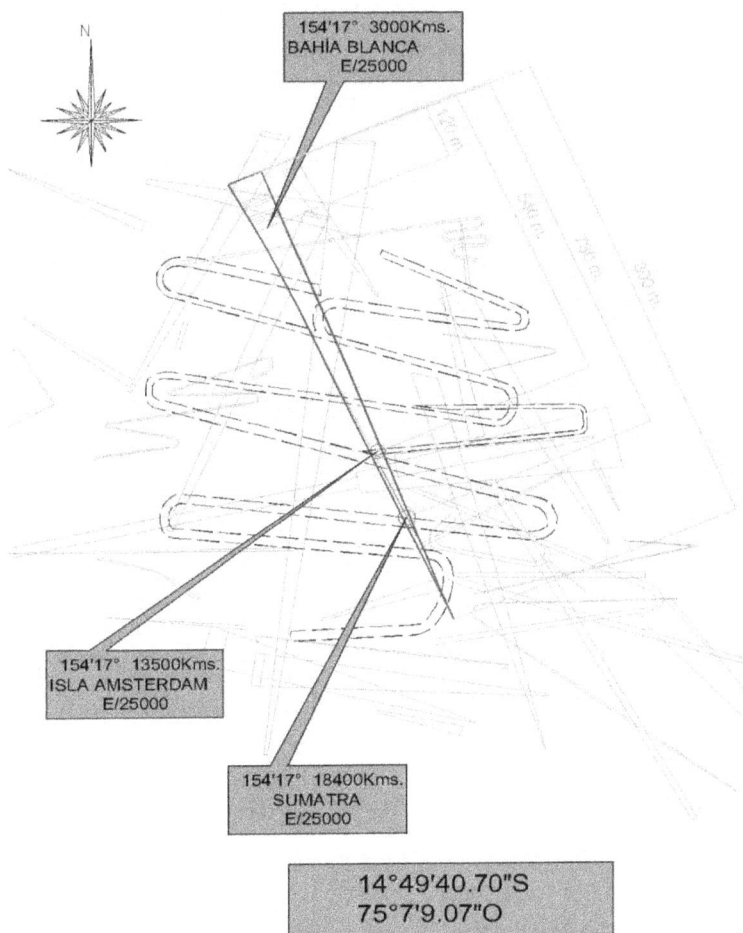

Las distancias coinciden en otras direcciones.

¿Ves? Otra vez con el terreno. Todo por y para aprovechar el que había, como si intentaran concentrarlo todo en una zona para que no hubiese pérdida, para que cualquiera que supiera llegar, pudiese orientarse hacia casa.

Ahora nombras las escalas, que escueto eres hijo.

Las diferentes escalas utilizadas en Nazca son, al menos de momento, sobre el orden de 7: 1/1·000_ 1/10·000 – 1/15·000 – 1/20·000 – 1/25·000 – 1/40·000 y 1/50·000.

Estas escalas son utilizadas dependiendo de la distancia a la que está el objetivo de costa. En muchos casos si la distancia con el objetivo es menor o igual a 10·000 kilómetros, la escala utilizada será desde 1/1·000 a 1/10·000. Si la distancia con el objetivo supera los 10·000 kilómetros, las escalas serán la 1/15·000 y la 1/20·000 pero si la distancia supera los 15·000 kilómetros, se utiliza la escala 1/40·000, 1/50·000; para la escala más pequeña (objetivos a menos de 1·000 kilómetros) será utilizada la 1/1·000.

¡Muy bueno esto! Pero debes admitir que no siempre era así. Dependía no sólo de lo lejos que estaba la costa, también del espacio y la importancia. Es decir, si hicieras una flecha y esa flecha la quisieras resaltar mucho por su importancia, la harías más grande. Esto, si el lugar está lejos, vale, (flecha grande, longitud y escala grandes) pero si el destino queda cerca, importante pero cerca ¿qué? Pues ahí tendrás, amigo, que cambiar la escala, por lo tanto la escala no siempre se basa en la lejanía con el objetivo. Ahí te dado. Sigo ¡listo!

Atravesaban el Pacífico.

Explicaremos más adelante la adecuación del plano al terreno existente· Ahí aclararemos el porqué de esas medidas, el porqué de dichas escalas; su funcionamiento y función principal pero por ahora sigamos con los demás elementos, por partes·

A estas líneas, flechas y polígonos, debemos sumarle dos tipologías más:

La de los puntos equidistantes·

La de los signos o símbolos, como la araña, mono, alcatraz, etc·

En el caso de las cuadrículas de puntos desordenados, dichos puntos se encuentran repartidos sin un orden aparente a lo largo y ancho de toda la llanura· No se encuentran por todas partes, sólo repartidos por trozos·

Es aconsejable que no intente encontrar sentido a las formaciones que vemos en este tipo de agrupaciones ya que dicha forma carece de utilidad alguna· Debe prestarse atención a la distancia entre cada punto, la cual estaba ya preestablecida para marcar un tamaño porque su función principal era la de dar un ejemplo de proporción al viajero que, conociendo previamente esta «medida universal» y comparándola luego con la imagen que recibe desde los cielos, puede calcular a qué altitud se sitúa y así poder nivelar la

192

altura hasta alcanzar la requerida para acceder a la información que en el plano se expresa.

¿Recuerdas lo que te dije en las cuadrículas de puntos, lo de mi amigo el controlador aéreo? Ellos tampoco las ponían en un orden perfecto, tan sólo les daba una relación de tamaño, de proporción, como la divina proporción. No, no es que tenga nada de áureo, es que para mí es divina si consigue que no te mates.

Podemos además encontrar algunos ejemplos más en las cercanías de Nazca, donde a pesar de que la técnica de construcción es diferente, su función no fue otra que la de referenciar un tamaño acordado para poder así alcanzar la altura requerida tanto para no colisionar con colinas como para acceder a la información en el plano. En esta ocasión se han excavado pequeños agujeros o pozos en la arena, al contrario que, las otras marcas de la llanura, que son lo opuesto: montículos en lugar de hoyos. Curiosamente tienen un parecido.

Perfecto, ya sabemos todo o mejor dicho casi todo. Pero ¿cómo rayos seleccionamos la línea que nos lleva a destino? ¿Cualquiera que éste sea?

Sí vale, cómo te gusta escucharte.

Finalizaremos la lista con nuestras famosas amigas las figuras; como son el mono, la araña, la espiral o el colibrí. Estas están repartidas por toda la geografía nazqueña, acompañando a diversas flechas y líneas.

Aquí pones: *sobrevolar cercanías a un símbolo cualquiera* ¡perfecto, ahí tenemos el colibrí, circúndalo!

Estos son los elementos (junto con los puntos, cuadrículas y líneas finas) más pequeños del plano de Nazca; una curiosidad se añade a estas figuras. Cada una está rematada en una patilla o línea que la une con una flecha en concreto. Ello significa que existe una relación entre cada figura y cada flecha, aportando únicamente su significado a la flecha seleccionada. Esto nos lleva a deducir que estas figuras no son otra cosa que signos o símbolos, que aportan un significado concreto a la dirección y medidas de la flecha, en consecuencia simbolizan el lugar (o los animales y personas que allí se encuentran) que se consigue al seguir dicha dirección la cantidad de kilómetros calculada al multiplicar la longitud por la escala a la que se trabaja.

Otra de nuestras hipótesis es deducida por su funcionamiento más que por la noción de lo que para nosotros es normal, es decir, más próxima a nuestros datos que a lo que podamos esperar y apunta otra posibilidad. En el caso de las agrupaciones de líneas y las intersecciones direccionales, estos iconos nos dan a entender que simbolizan no uno sino varios rumbos, los representados por tales combinaciones lineales. Esto quiere decir que podían representar sólo eso, una situación en este gran plano en concreto. No necesariamente la representación de ese lugar aunque ello sea mucho más atractivo para nosotros.

Al navegante, si sabía en qué orientación se encontraba y conociendo el icono que representaba tal agrupación de líneas, le era «relativamente sencillo» encontrar el rumbo, puesto que estas agrupaciones facilitaban eso, el agrupar estas orientaciones ordenadamente, habiendo tan sólo un par de ellas hacia el Norte, otra hacia el Sur y lo mismo con el Este y el Oeste, con las que este «navegante de los cielos» reduciría al mínimo la posibilidad de irse por un camino incorrecto. Era evidente, imposible perderse.

¡Estupendo, ahora lo cojo! Es decir, que si queremos ir hacia allí otro día tan sólo debemos buscar el colibrí y seguir la flecha. Curioso, ellos sabían de antemano a dónde iban, cosa que también me parece de lo más razonable, ya que uno no utiliza un mapa del mundo si no sabe a dónde pertenece cada zona del plano. Aquí pones algo que no entiendo, espera.

Actualmente nuestro equipo trabaja activamente en encontrar todas estas relaciones· De momento la colaboración está siendo todo un éxito y pronto podremos relacionar todos los símbolos·

Por otro lado aportaremos a la ciencia el Mayor Plano del Mundo, de carácter gratuito, libre y podremos al fin conseguir lo que tanto soñamos: salvar Nazca

A quién te refieres con «nuestro equipo» ¿a ti a mí y a Deisy? ¡Ja! ¿No lo dirás en serio? Eso es lo que menos importa, supongo.

CAPITULO XVI

TODO TIENE UN SENTIDO

Bien, ya hemos conocido los diferentes elementos y sus funciones· Ahora vamos a más·

Como ya dijimos, Nazca es el mayor plano de coordenadas del mundo, y decimos del mundo, en sus dos sentidos· Me explico: por un lado es el de mayor tamaño que existe en nuestro planeta y por el otro es la representación del perfil costero de todo el globo·

Y vamos con esto·

Primero hay que pensar que el planeta en el que vivimos es una esfera y no un plano· En realidad dicho plano es sólo una representación bidimensional de una geografía tridimensional... No sólo por su relieve sino por dicha forma esférica.

Los rumbos de dichas líneas y flechas parten de todas direcciones cruzando el globo longitudinalmente y finalizando su trayecto en el lado opuesto del mundo al valle de Nazca, el que curiosamente se localiza muy cerca de Angkor Bath, en Camboya, tierra no menos misteriosa, donde las orientaciones norte – sur de sus ciudades/templo se midieron con una precisión increíble.

El famoso templo de Angkor, Camboya.

198

Las famosas Líneas de Nazca son tan numerosas que al extenderlas cubrimos casi la totalidad del planeta. Solo existen líneas en rumbos cuyo recorrido se topa en algún punto determinado con tierra firme, de modo que si este caso no se diese o tan solo se topase con mar en su camino durante una gran distancia, dicha línea no sería reflejada. Medida que se toma con el fin de aprovechar el máximo terreno posible y simplificar el trabajo. Es decir, encontramos un mayor número de flechas hacia direcciones dónde existen más costas cercanas, en este caso hacia las direcciones Este, (dónde encontramos la costa Este de América y la Oeste de África) dirección Norte, con Mesoamérica y Norteamérica, y dirección Sur (con las costas de la Antártida).

Pero en el caso de la dirección Oeste, dónde tan sólo encontramos las inhóspitas aguas del Pacífico, curiosamente el número de flechas que indican dicha orientación, es mucho menor, limitándose tan sólo a direcciones que llevan a las principales islas, como Pascua, Tahití y las Marquesas.

Ahí, con ese estudio llegaste a entenderme cuando te hablo de comprender.

Al comienzo de nuestro estudio, la existencia de diferentes orientaciones nos llevó a pensar que Nazca trataba de informar de la localización de diferentes enclaves importantes en nuestro planeta. Los cálculos nos demostraron algo más grande, una función más importante, ya que representan con sus puntos finales e intermedios (que se extraen del estudio de kilometraje y trayectoria) las diferentes costas del planeta tierra.

Eso sí, las hacían grandes, no fuera a ser que se perdiesen en medio del océano ¿no? La cosa era vivir, sobrevivir a toda costa, y nunca mejor dicho costa. En un momento en que los bienes escasean, no hay espacio para el error, no hay cabida para la duda. Solos, nosotros y el mar, con todo lo que ello conlleva.

¡Perfecto Sancho! Ahora vas a explicar el porqué de tanto ahorrar espacio. Espero que merezca la pena la explicación para tanta línea. Veamos:

SU DISPOSICIÓN

Pues bien, entendido queda por qué las líneas indicaban zonas de tierra y no se fabricaban para rumbos en los cuales no había donde apearse. Ahora pasaremos a ver el porqué de la disposición de las líneas que vemos aquí, en este valle. También comentaremos el porqué de dicho orden, tan necesario para estos aeronautas de la antigüedad. Muchos se extrañan al ver tantas líneas que se cruzan sin un orden aparente porque son miles y es muy difícil distinguirlas además, parten tanto del exterior como del interior creando extrañas intersecciones.

Procedamos a comentar las razones que llevaron a dichos constructores a diseñar Nazca con tal disposición y no de otra forma, como cabría de esperar para nosotros.

¿PORQUE SE CONSTRUYÓ ASÍ?

Para entenderlo hay que reflexionar; si usted quiere realizar un gran plano con el que se pueda adoptar un rumbo adecuado con un aparato que vuele, (y si hablamos de volar, hablamos de la forma más rudimentaria de sustento en el aire, la aeronáutica, que necesita de un aparato como medio) hay que entender que son necesarios unos cuantos metros para asegurar una correcta orientación por tanto necesitamos tener el mayor espacio posible y una llanura lo suficientemente recta, en caso contrario seríamos nosotros quienes artificialmente alisásemos las zonas que faltan y ese es un caso muy visto en este valle·

Sí, precisamente en una de esas zonas aterrizamos durante aquella emergencia, y todo porque te empeñaste en seguir durante horas volando por las rectas ya que según tú veías un sentido. Pero de un sentido a esto que explicas, hay un mundo y más de 20.000Km si te pones. Como esto se alargue, me parece a mí que acabaremos por repetirlo. Iré con prisa.

Seguro que hubiésemos entendido al momento su significado si nos hubiésemos encontrado aquí con los cuatro puntos cardinales, con dos ejes cruzados y sus debidos Norte, Sur, Este y Oeste, pero esto no fue posible debido a la necesidad de espacio y al gran número de rumbos· Se intentó por todos los medios crear la menor confusión de líneas posible· Ante esta situación, tenemos tres alternativas:

La primera es la que ya comentamos, se toma un punto central y se marcan los puntos cardinales, a partir de ahí sacan las líneas hacia el exterior indicando los rumbos· Este caso les era imposible, ya que de ese modo las líneas tan solo medían la mitad del valle y en el centro, la separación entre unas y otras sería mínima y causaría confusión·

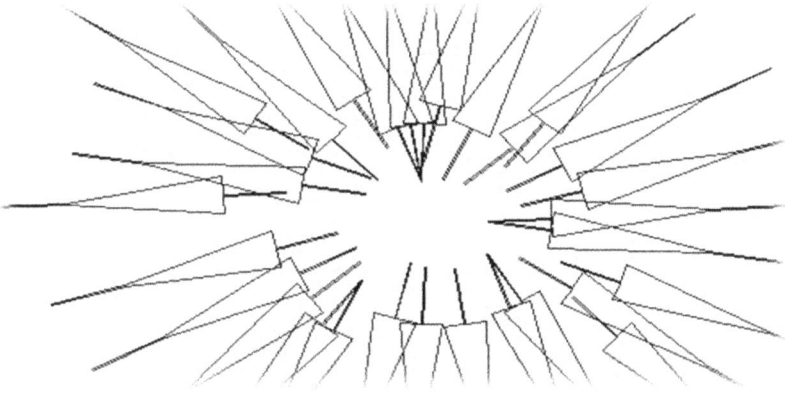

Flechas orientadas desde el interior.

Aquí se aprecia. Eres bueno en esto de los planos. Se ve perfectamente. Sería mucho más difícil orientarnos desde el centro, tendríamos poco espacio incluso para que te pudieses alinear, sobre todo con tu dominio del pájaro. No te enfades y mira hacia delante.

La segunda alternativa que seguro valoraron consiste en atravesar desde el exterior hacia el interior el recorrido de la línea para que de este modo, se pueda aprovechar el tamaño total del valle. Pero había un problema: de esta manera, la maraña de líneas acumuladas en el centro confundiría al navegante por el mismo motivo que en la alternativa anterior.

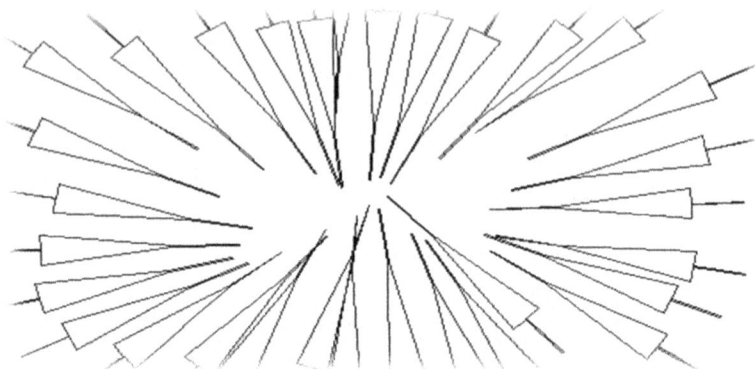

Flechas orientadas desde el exterior.

Según el esquema lineal desde fuera hacia el interior, habría más espacio pero la confusión sería la misma·

¡Lo tengo! ¡Claro! Por eso ni de broma encontraremos una sola estrella. Si sólo tenemos una, las líneas son todas para ella, todas partirían de esa única intersección. Menudo follón lineal se montaría.

Por tanto, se optó por la tercera opción, y es ésta, la de Nazca, que combina estos puntos de partida desde el exterior hacia el interior con otros puntos e intersecciones repartidos en la zona intermedia del valle como se puede apreciar en el siguiente cuadro:

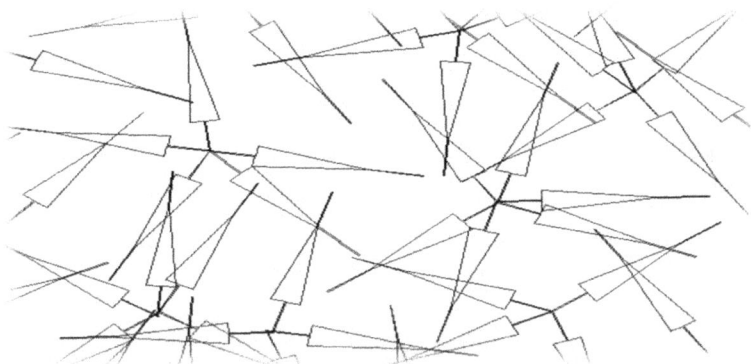

Flechas orientadas con el método Nazca.

Esto tiene una explicación, a mayor número de intersecciones, menor carga lineal recibe cada intersección, lo cual permite que las diferentes líneas que parten de cada punto, estén más separadas y la confusión sea mínima. Un sistema genial.

A estas líneas o rumbos, necesitaremos añadirles varios elementos para poder realizar el cálculo, pero que sean menos visibles para no crear más confusión. Estos elementos serían precisamente los que ya hemos tratado, las flechas, líneas de cota y de referencia, iconos... etc.

¿Ves? Lo tienes todo controlado ¡muy bien Sancho! Creo que ya me has pagado la apuesta, querido amigo, ya no me debes nada.

¿Por qué? Porque el pago de tu apuesta era que si yo conseguía demostrarte que el ser humano de la antigüedad era muy superior técnicamente de lo que se pensaba hasta la fecha, tú me pagarías desvelando el funcionamiento del Gran Plano de Nazca, el Mayor Plano del Mundo, y así lo has hecho en mi opinión, al menos has arrojado mucha más luz sobre este enigma.

Sigues, no paras de dar datos y de hacer afirmaciones. Espera, quiero seguir leyéndote esto:

También observamos que a estos Nazca les gustaba el sistema decimal, mucho, ya que lo reflejaron en sus medidas constantemente.

Ningún punto de marcación que utilizaron para indicar las escalas, escapa a esta norma, estando siempre situados de 20 en 20, 40 en 40, siendo terminadas en 5, 45, 60... Siempre decimales.

Por si fuera poco, concluyes la carta con la siguiente conclusión (que a mi parecer es todo un «broche de oro»).

Con el Gran Plano de Nazca, se podía llegar a cualquier parte, este sistema de cálculo fue todo un éxito. Consiguieron representar las costas más lejanas, incluso las del otro lado del mundo.

Pero como tú sabes, además de estas flechas cercanas a Nazca, en la costa peruana también se pueden encontrar otras señales, una de las cuales apunta a Brasil indicando una longitud de 400 metros, justamente, hacia la costa.

Tampoco olvidemos la existencia de una línea recta que sigue la dirección norte - sur desde el centro del valle de Nazca hacia la costa y que facilita así el acceso hacia el valle, pero termino de leerla, luego si quieres discutimos:

En conclusión, Nazca fue un plano de coordenadas que indicaba la costa a quien pudiera leer el mensaje y llegar al destino· Sé que esta afirmación supone unas consecuencias más que inquietantes pero está basada en una observación profunda de la geometría que allí se dispone y que implica necesariamente unos conocimientos de la geografía terrestre, además de una tecnología y una concepción técnica no atribuidas hasta la fecha al hombre antiguo.

Como te decía, buen final, pero existen muchas más pruebas de estas indicaciones a lo largo y ancho del globo, las cuales contemplaremos al visitar países como Francia (con sus estrellas), el Sahara (con sus famosos boomerangs), Inglaterra e Irlanda (con sus caballos y hombres q saludan al cielo) y otros.

Eso, querido Sancho tendrá que esperar, ya casi no nos queda gasolina y estoy hambriento, llevamos todo el día de visita por el museo de la orientación más grande del mundo, o debería decir, de la desorientación. Lo digo porque de tanta vuelta me ha entrado el mareo.

Hemos de bajar Sancho, dirígete hacia el km 447 de la Panamericana Sur ¡sí, allí, perfecto! Enfílala y síguela por allí. Se ve bien ¿o prefieres seguir utilizando las líneas de Nazca? Por hoy lo dejamos, mañana será tu prueba de fuego.

Aeropuerto María Reiche, en Nazca.

Ahí está ¿lo ves? El aeropuerto María Reiche, ¡cómo no!, Mi buena amiga Reiche, ¡oriéntate y baja! Tenemos permiso, tráfico despejado.

Orientándose con la pista.

¡Perfecto, como tú sabes! Descendemos. Con cuidado, quiero ir a comer y la comida del hospital dicen que es mala, así que despacio, despacio. De acuerdo, me callo pero mira hacia delante.

Espero que te gustase la clase. Desde luego que sí, la inventaste tú. Desciende. Sí, ¡conseguido!

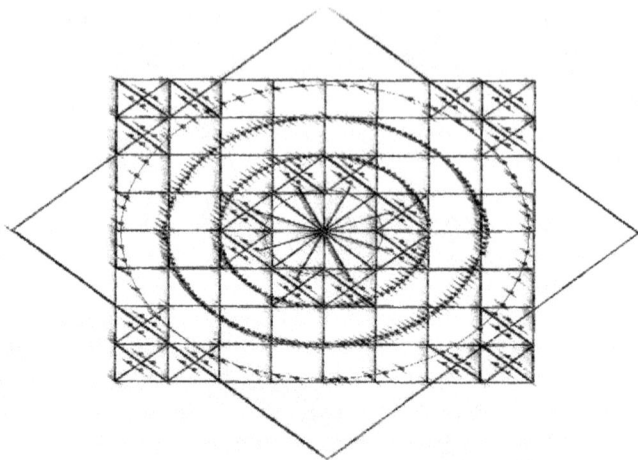

CAPITULO XVII

EL OJO DEL CÓNDOR

¡Reiche, aquí estoy! ¡Charlie ha llegado a Nazca!

Aquí estamos otra vez Sancho, pero tú de eso no te acuerdas. Ya lo vivirás pero de otra manera, en nuestra próxima aventura persiguiendo la gran Conexión.

¿A qué me refiero? Eso es un tema que deberemos hablar con más calma en la cena, bueno, merienda o como sea, no sé que nos van a servir a estas horas, ya que aún está empezando a anochecer.

Bufo allá voy. Tiembla bufo ¡tiembla!

¿Que, qué es el bufo? Pues el Bufo tiene mucha historia, ya sabes que me gustan esas tradiciones. Coge tus cosas que bajamos y te lo cuento.

Cuidado al bajar ¿ves? Allí enfrente está el restaurante, es aquí donde me aficioné a la gastronomía peruana, en el Nido del Cóndor.

Me llamó la atención. El cóndor es de mis aves preferidas, la de mayor envergadura de alas del mundo, algo que la une con este lugar, además de ser aquí también representada.

Caminemos hasta allí, lo que más me gusta del Bufo en realidad es su historia, la suya y la de sus gentes.

Parece ser que es una comida típica de los habitantes del Ingenio, La Banda y Changuillo.

El tema es que en estos pueblos, como en otros, se les daba las partes nobles del animal a los amos, mientras que los esclavos se quedaban con la menudencia, ya sabes, lo sobrante, esas partes que nunca me han gustado.

Pero aquí es diferente, esta gente sabe sacarle el jugo a las cosas, saben hacer de lo poco un mucho. No es de extrañar puesto que han conseguido sobrevivir en este inhóspito lugar apartado de la mano de Dios desde ya hace mucho.

En conclusión: la historia comenta que aquellos amos, al llegarle por la brisa los olores de este sabroso plato preparado por los pobres, se dieron cuenta de una gran lección: que lo que ellos descartaban como algo «fuera de provecho» en realidad poseía las propiedades más importantes si eran aprovechadas convenientemente.

Eso es lo que has hecho tú en Nazca, Sancho. Por eso me gusta tanto este plato, tanto este restaurante, tanto esta sufrida arena.

Hemos aprovechado todo lo que en Nazca existe, sin despreciar nada. Combinando provechosamente todos y cada uno de sus elementos sin la exclusión de ninguno, como hicieron esos antiguos habitantes. Hemos llegado. Pasa tú primero.

¡Perfecto! ¡Una silla estática! Esto no se mueve. No como el avión, o aquel suelo en Acre que parecía estar vivo.

Aquí pone,

Sabroso, oloroso, bien sazonado guiso de carne y menudencia de res.

¡Dos de estas por favor! ¿Cómo? ¿Qué aún no se enciende la cocina? ¿Una hora? ¿Y no podía hacer un caso especial? Mire usted, vinimos a desentrañar los enigmas de la bestia. No, de la vaca de la que está hecha su comida, no hablo. Me refiero a las Líneas de Nazca, hemos descubierto el enigma.

Por su cara de «estoico» deduzco que no somos los primeros en venir aquí ¿no? Pero esta vez es diferente, hemos descubierto para qué servía eso, además somos grandes amigos del cónsul español.

¡Ah! La encienden ¿ya? Pues muchas gracias, es todo un detalle. Sí, dos Coca-Colas por favor, y una botellita de Jack. Muchas gracias.

Sí, no he debido de decirle nada, yo soy así, mi entusiasmo y yo. Pensé que le iba a gustar la noticia. Sí, están acostumbrados a locos como nosotros, intentando siempre resolver el misterio, pero esta vez — ¡sí, gracias! Para él las dos Coca-Colas— brindemos por lo conseguido: hacer que tanto tú Sancho, como otros, consiguieran ver Nazca con otros ojos, los ojos del cóndor.

Bien amigo, hay muchas cosas de las que debemos hablar en esta cena. Aquí, a la luz de la noche en Nazca.

Este es un momento importante de la obra, muchas dudas han surgido en tu cabeza desde que emprendimos nuestro primer gran viaje, para ser exactos el segundo. Eso, finalmente ya lo has entendido.

Al menos, con este flashback he conseguido entrar en tu mente por la puerta grande, por la puerta más grande del mundo, la puerta que te lleva a todos los lugares.

Si desde tiempos inmemoriales se dice lo de todos los caminos conducen a Roma, qué se diría en tiempos más remotos aún sobre el Gran Complejo de Nazca. Con toda seguridad, su fama llegaba tan lejos como las direcciones que sus propias líneas indican.

Acabas de resucitar al Gigante. Hemos despertado a la Bestia, a un Anciano que lleva mucho tiempo durmiendo pero que en su época hizo temblar a la grande: la gran pirámide.

Eso no es todo. Aquí, querido amigo, no acaba la cosa, esto es sólo el principio. Te comenté una y mil veces que habías perdido la memoria de motu propio después de una larga aventura, la que yo considero la primera, la que llamo «La Conexión», pero no te conté qué hicimos, tan sólo unas breves pinceladas. Es el momento de contarte más cosas, lo que vivirás en esa gran aventura, esa primera aventura.

Para entender el mundo que nos rodea, está claro que debemos hacer lo mismo que hemos hecho aquí, en Nazca. Cuando se estudia algo tan complejo como la historia se deben valorar todos y cada uno de los puntos de vista de los que disponemos y si para ello es necesario «rizar el rizo» se hace, qué remedio tenemos si queremos alcanzar la esquiva verdad que, según podemos observar, se parece más a una película de ciencia ficción que a la vida misma.

Has de entender temas como los que al principio de nuestro viaje comentábamos. La evolución no es homogénea, no está esparcida de igual modo en todas las partes del planeta.

Nosotros mismos con nuestros aviones ya estamos haciendo de esto una película, otras gentes alucinarían y alucinan al vernos llegar en nuestros aparatos aéreos. Por eso mismo no hemos de escandalizarnos si escuchamos una técnica avanzada en el hombre antiguo. Sencillamente eran como nosotros, no eran tontos.

Esta creo que es la mejor de las introducciones posibles para este tema: la Involución Humana, la cual estoy convencido, cambió y sentenció el destino de la civilización de un hombre antiguo pero no ignorante.

Esta es la razón principal de tales hallazgos imposibles en la arqueología: atribuir unos conocimientos muy inferiores a las gentes de la tierra de hace miles de años.

¿Por qué? ¿Por qué no se han hallado pruebas? ¿Quieren pruebas?

No se preocupen señores, les presento a mi buen amigo el «Gigante de Nazca», él aplastará todas sus dudas con tan sólo despertar de su letargo, ya que el grito que dará será tan fuerte que le hará tan famoso como siempre. Como antes, como el día que lo fue antes de su prisión, el olvido.

Eso no es todo. Acabamos querido Sancho, de abrir la «caja de pandora» ¿cómo lo digiere la gente? Ellos ya están acostumbrados a una ciencia que no quiere hombres que volaban.

Es posible que Daniken nos haya atrasado con la teoría de los extraterrestres, haciendo que la ciencia se opusiera a hombres avanzados técnicamente en tiempos remotos. Además decía que las líneas eran pistas de aterrizaje y si bien pudo haberlas destinadas para el efecto, las que hemos estudiado, con sus orientaciones y rumbos no pudieron serlo ni de broma ya que el paso de los aviones hubiese acabado con el dibujo.

No, eran indicaciones, eso sí. Sí eran para hombres que volaban. Ellos, debían tener también algún lugar donde apearse. Curiosamente, esos sitios también existen en zonas apartadas del plano, como queriendo no perjudicarlo.

Aún así, ¿cómo se lo explicamos? ¿Qué decimos? No pensarás irles con esto de frente, no te lo aconsejo. Creo que lo más razonable sería decirles algo que choque menos, me refiero que así al menos masticarían algo la comida antes de aceptar otras cosas.

¿Y qué propongo? Pues que digamos que Nazca, fue el Mayor Plano de Coordenadas del Mundo, (exactamente igual que lo que pensamos tanto tú como yo) pero con un pequeño matiz. Me explico.

No podemos decirles que los hombres del pasado podían volar ¿no es cierto? Pues no se lo diremos. Como tú bien sabes es ya de dominio social la posibilidad de que el ser humano navegase por los mares de todo el mundo encontrando nuevas tierras, forjando lazos y compartiendo bienes además de conocimientos.

Pues bien, eso es lo que diremos, que el ser humano conoció la totalidad de la geografía terrestre en tiempos remotos, sin meternos en más, ni en cómo ni de qué manera. En barco, por supuesto.

Explicaremos algo que para mí es innegable, que el hacerlo tan inmenso, (en una extensión de terreno tal) aseguraría el estado del plano durante miles de años.

Pensemos, si queremos que algo dure, hagámoslo de piedra, una piedra muy, muy pesada para que nadie la cambie del sitio.

Bueno, Nazca es eso, una Gran Piedra, una pizarra de arena tan grande que nadie la puede desplazar. Tan grande como todo el desierto.

Pasara lo que pasara, su colosal tamaño impediría que fuera afectado, ya que una riada, una tormenta, incluso la acción de sus gentes, se verían pequeñas ante tal inmensidad. Es decir, que fuese lo que fuese lo que intentase estropearlo, sería poco para derrotar a «la Bestia de Nazca».

Podemos decir eso ¿qué te parece? Ya sé, no es exactamente lo que piensas. Incluso tú con tu pragmática forma de pensar, deseas que eso sea así pero no podemos, al menos por ahora. No nos escucharían.

Ya sabes lo que en este mundo arqueológico les pasa a las truchas como nosotros: directamente y sin dilatar ni un momento, las sacan del río de un manotazo cual oso hambriento.

¡Bien! Han tardado pero huele muy bien ¡a este Bufo invito yo! ¿Cómo, invita la casa? Gracias, sí, no se preocupe, le daré saludos al cónsul de su parte, gracias, gracias.

Vayamos al desierto a bajar esta bebida, bueno, la cena. Tú primero, salgamos.

Shhh! ¿Qué si soy amigo del cónsul? ¡No, claro que no! ¿Y que querías que le dijera? ¡Quería comer!

Es igual, desde este momento lo seremos Sancho, lo seremos.

Estaba muy bueno, sí. Pienso volver.

Y mientras seguimos de charla. Por cierto, quieres un poquito de Jack ¿no? Tú te lo pierdes. Mejor, mañana te espera el examen. A lo que digo, iremos aquí cerca, a dar una vuelta por este desierto, quiero que conozcas a alguien ¿quién? A las gentes que construyeron esto, verás.

La famosa torreta del desierto de Nazca.

Como te decía, entender la historia no es fácil ya que existen muchísimas cosas que no cuadran, como las razas que habitaron estas tierras y las costumbres que poseía la gente que diseñó este gran plano.

¿Que si no eran normales? En el viaje que tú y yo hicimos ya tocamos bastante este tema. Lo vivirás, pero te iré adelantando algo.

Esta gente era especial, primero por su raza, un gran misterio ya que esta gente no sólo provenía de aquí sino de otros lugares, sitios donde existía gente de piel clara y cabello dorado o rojo.

Quizás, como intentaremos explicar en nuestras próximas andanzas, el tema de las razas va más allá de lo que nos pensamos, quizás la civilización humana sí llegase a distribuirse por todo el planeta, con todas sus razas mezcladas por el globo, al igual que hoy en día. Nos percatamos de ello al descubrir uno de tantos principios evolutivos, el de las razas, el cual intenta explicar cómo al evolucionar de una manera normal, progresiva, las múltiples razas del planeta irían desplegándose por el mundo, combinándose y mezclándose por razones como el comercio, el intercambio de culturas, invasiones o fenómenos como el trabajo en sitios ajenos.

En este panorama mundial, las razas foráneas serían las que en menor número poblasen cada continente, y por una o por otras razones, se verían mucho más perjudicadas que las razas locales al ser arrasadas por una contingencia climática grave. Es decir, que si nos ponemos en un mundo que está sufriendo, unos pueblos que dan su último grito por sobrevivir, los que peor lo pasarían serían las minorías, sobre todo las minorías raciales, las cuales verían diezmada cada vez más a su población al ser acorraladas por la población autóctona, la más numerosa.

¡Piénsalo! Es importante ¿qué sería de los blancos de Sudáfrica de haber una gran catástrofe mundial? Acorralados en el cono sur de ese vasto continente infinito donde están las fieras, ellas serían el menor de sus problemas.

¿Quién sería su delator? Su piel, su blanca y reluciente piel que les gastaría una mala pasada cual Judas hizo con Jesús (según nos cuentan).

El final ya te lo imaginas, no demasiado bonito, sobre todo para esa gente distinta. Hay muchos ejemplos de unas peculiares razas que poblaron el mundo y que hoy ya han desaparecido. Rasgos distintos, exóticos para nosotros, que por las contingencias que vivió el ser humano en aquel tiempo, no pudieron sobrevivir.

Sin embargo ahí están sus testigos: las momias, los murales de piedra, las figuras de barro... Hasta los Paracas los tejieron en sus mantos.

No, desde luego que no son fruto de nuestra imaginación, están ahí y no se moverán hasta que los estudiemos.

¿Sabes? Esto de los muertos es la parte que menos me gusta pero aquí, por estos huesos, se encuentra la respuesta a este misterio.

CAPITULO XVIII

CARA A CARA CON EL PASADO

Enciende la linterna, la llevo en la mochila, no te asustes. Sí, hay huesos, huesos por todas partes. Este desierto es así. Antes preguntabas por los Nazca, yo mismo te comenté que iríamos luego a conocer a un amigo, pues bien, mi amigo estaba por aquí, más adelante. Sigamos.

Sí, esto me inspira tanto respeto como a ti, al menos a mí no me tiemblan las rodillas. Allí está, junto a esa línea.

¿Lo ves? Si, está ahí, sólo, como si hubiese quedado abandonado en la nada. Pobrecillo, al menos tiene un amigo, ahora dos.

Las cabezas alargadas pre-incaicas.

Tranquilo, sí, tranquilo, ya sabes que es normal. Sí, su cabeza está alargada, bien alargada. Una de tantas en estos desiertos peruanos del sur.

Son los restos de un hombre que vivió aquí hace miles de años, más de tres mil o cuatro mil años y ya ves como eran.

Te he traído aquí para que entiendas que esta gente no era imposible, esta gente existía, vivía, soñaba. Caminaron por estas tierras antes que tú y que yo, y nosotros mismos llevamos dentro su propia sangre.

¿Cómo las deformaban? Eso no es secreto, hoy en día hay tribus que lo siguen haciendo. Lo hacían con vendas, desde pequeños, así conseguían hacerlo en una época temprana de la formación del cráneo, lo cual facilitaba el amoldarlo.

Lo que asombra a propios y a extraños es que consiguieran aumentar, incluso duplicar su capacidad craneal. Algo imposible, desde luego, por lo que hoy conocemos.

Es un misterio, pero hoy sabemos que en las últimas etapas, el hombre ha sufrido un descenso en su capacidad cerebral, lo que no deja de intrigar a los antropólogos.

Pero si bien es cierto que la supervivencia se rige no por la capacidad del cerebro sino por su eficiencia al resolver los problemas a los que se enfrenta, también hemos todos de entender y asimilar que esto no es normal; quiero decir que no entiendo cómo podían tener mayor capacidad, cómo la consiguieron ¿era mayor su cerebro? ¿Acaso eran más inteligentes? ¿Acaso en su evolución, consiguieron llegar a algo más?

A pesar de todo, esa inteligencia no les valió de mucho. No consiguieron sobrevivir ¿o sí?

Debemos seguirles la pista Sancho, no podemos dejarles escapar. Esta gente quiere ser recordada, no la condenemos al olvido. Ese dios, ya se ha llevado muchos, muchos sacrificios.

Volvamos al Nido del Cóndor, debemos descansar. Cuidado con esos huesos.

El día ha sido perfecto, al menos eso creo. Sé que te quedan muchas dudas pero tranquilo, esa inquietud hallará respuesta. En este mundo tampoco tiene por qué ser todo misterio.

De eso va precisamente esta saga, la gran saga del ser humano, la Saga de Involución. En ella se le intentará encontrar explicación a tantos de estos misterios, a tantas incógnitas que hoy poseemos acerca de lo que un día fue nuestro pasado, el verdadero pasado.

Quizás te sorprendas porque lo que hallaremos es tan grande como lo de aquí, bueno, de otras maneras claro está. Nada supera a mi querido Gigante, mi «pequeño» Gran Plano. Él nos seguirá aquí esperando ya que para él el tiempo no tiene sentido. Como comprenderás, a esta inmensidad le importan poco los flashbacks.

Sí, lo de volar por el mundo sí ¿Qué quieres saber? ¿Por dónde? Es largo de contar, como la historia.

Ya sabes que a ti lo que más te gusta es lo de ver para creer. Por eso todo esto lo de comprarte la avioneta, tu pequeña Deisy.

Si queremos comprender qué pasó en realidad, debemos observar ciertos hallazgos repartidos por todo lo alto y ancho de esta gran bola, tocando multitud de temas.

Primero es necesario analizarlos un poco más en profundidad y hacer una gran «marea de preguntas», ¿qué nos ha quedado? ¿Qué sabemos de ellos? ¿Que recordamos? Si existieron ¿qué les sucedió, por qué ya no están? ¿Por qué desapareció su saber?

¿Podría sucedernos lo mismo a nosotros? Y si tal cosa así fuera, ¿cómo haríamos para sobrevivir? ¿Cómo lograríamos conservar nuestros conocimientos, nuestros recuerdos?

¿Qué sería de nuestros estados, los cuales nos brindan seguridad en unos tiempos oscuros en los que cada cual tan solo piensa en sí mismo? ¿Cómo se podría escapar al caos?

¿Qué pasaría con nuestros derechos, los de las clases menos capacitadas, los débiles, las mujeres, los niños? ¿Qué le pasaría a nuestra gran tecnología, la que ampara cada día a más a gente que cada vez sabe hacer menos sin ella? Sin los beneficios que ella conlleva, sin poder sustentarla, mantenerla ¿a qué estado nos veríamos relegados? Pues, mi buen amigo Sancho, a uno en el que a nadie le gustaría estar. Bueno no, a nadie no, porque siempre estarían los que se aprovechan vilmente de la vulnerabilidad del prójimo. Por eso todo sería sencillamente un infierno.

Esa posibilidad y los datos que nos llegan desde ese pasado ya tan lejano gracias a nuestros adelantos, nos inducen a pensar en nuevas opciones, nuevas teorías que revelan un horizonte mucho más amplio que el que veíamos hasta la fecha, opciones como el de la Involución, la posibilidad de no haber sido los primeros, los únicos en ser los dueños de este vasto planeta.

Es curioso, la gente tiende a pensar que de ellos quedaría todo. Lo quieren pensar pero no es cierto, nada de eso es verdad, nada, porque nada quedaría de nosotros, nada, tan sólo un pequeño recuerdo en piedra, algo separado de su nuevo contexto al que se vio desterrado. A una realidad donde ya nadie le pregunta quién fue ni cómo ha llegado hasta allí, a la más rotunda indiferencia.

Así es el hombre antiguo. Así es Nazca, un Gigante Durmiente impasible ante tanta indiferencia, impasible incluso al paso del tiempo que cada minuto lo entierra más y más en las arenas movedizas de su destino. Un Gigante callado, inconsciente, un Gigante que está a punto de abrir sus ojos. Nuestro padre regresa.

Hemos llegado. Vamos a dormir ¿Qué? ¡No me digas que quieres seguir aún la charla! ¿No te ha llegado? Creo que deberías dormir un poco, debes de estar agotado. Mañana seguiremos. Te dejo una pregunta.

Sí, todo lo haremos en el próximo viaje. Bueno, no, todo no, muchísimo sí, muchísimo Sancho, confía en mí aunque eso creo que siempre te será costoso; no tanto desde ahora, espero.

Es una larga guerra, de momento esta tan sólo ha sido la primera contienda y espero hayamos conseguido ganarla ¡juntos no hay quien nos pueda!

La Conexión es la batalla que nos espera, de donde sacaremos todas las armas técnicas que poseemos hoy en día para lograr vencer al olvido, a favor de unas gentes que nos gritan un auxilio ¿los oyes?

Pero ese combate te anticipo que no será el último, puesto que luego nos esperan muchos otros, donde se explicarán acontecimientos pasados que pudieron hacer relegar a nuestros antepasados a este proceso involutivo.

Te lo cuento mañana, ahora descansa un poco, hemos de partir temprano hacia el gran viaje de la Involución ya que este será el mejor punto de partida.

Aquí tienes la llave. Y date un baño, no quiero oler a pies en medio del océano Pacífico. Sí, vamos por allí, hacia Angkor. Quiero visitar un par de sitios de camino. Mañana lo cuento. ¡Duerme!

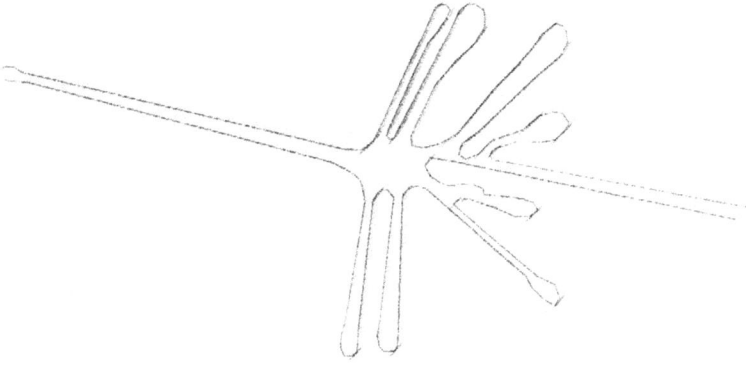

CAPITULO XIX

LA PRUEBA DE FUEGO

¡Hola! ¿Hay alguien ahí? ¿Estás despierto? ¡Despierta gandul! ¡Hoy te espera tu gran día, hoy serás el primero en volver a usar el Gran Plano de Nazca en milenios!

¿Dónde estás metido? ¿Hola? ¿Estás en el baño? No sería el Bufo ¿no? Aquí tampoco estás, pero del olor interpreto que no te has ido hace mucho, ese perfume de marca que llevas... Tú tan preparado como siempre.

Bajaré a ver si estás allí ¿pero qué es esto? ¿Me he quedado sin lector? ¡Sancho! ¿Y fuera? ¡Ahí estás! Preparándolo todo. Bien, veo que vas aprendiendo ¿nervioso con el viaje? ¡Bueno hombre, uno de tantos!

Carguemos las mochilas ¡vamos! Allí está nuestra pequeña. Veo que vas con una sonrisa ¿qué, preparado para ser el primero en utilizar el plano de Nazca? Tranquilo, lo hemos hecho ayer. Eso sí, en esta ocasión todo tiene que salir perfecto.

Vale, abre la puerta, ¿no nos olvidamos de nada? ¡Ah sí! Nos quedó ahí atrás un poquito de nuestra ignorancia pero si te parece no volvamos a recogerla, necesitaremos espacio en la avioneta para la cantidad de maravillas que habremos de cargar en ella durante el próximo viaje, «nuestro primer viaje».

Sí, te contaré a dónde iremos en este viaje pero ahora te toca pasar un examen, así que ¡vamos!, ¡enciende los motores! ¡Bien! Despacio, adéntrate en la pista. Acelera, estupendo.

¡Como ruge la gatita, caramba! Esta mañana está contenta, porque ha desayunado su «Friskies» preferido, uno nuevo con más octanos.

La «siamesa» despega sus patas del suelo, no sin cierto recelo ya que este siempre ha sido el hogar preferido para los «gatos del cielo», de aquellas almas que prefieren el azul y sus cerros, la brisa que produce sus cantos, el color con el que las abraza su dueño.

¡Ok, en el aire! Ahora vamos a pasar un examen, no sin tomar mi debida dosis de café. Voy a por ella. Con azúcar ¿verdad? ¿O lo has dejado? Bien que sean dos muy cargados.

Levantando vuelo.

Tan suave como siempre, ¡que aroma! Esta maravilla de Colombia es para mí como la American Express vamos, no salgo sin ella.

Perfecto Sancho, ahora tienes que olvidarte de los controles. Para ello esta noche me he tomado la libertad de regalar a nuestro amigo el del restaurante, nuestro GPS de posicionamiento ¡Sí, lo sé! ¡Es una locura! Pero no lo es tanto si has aprendido a utilizar correctamente el GPN (el Gran Plano de Nazca) ¿no es así? Si en teoría es así y la teoría la has hecho tú, me consta así que deberíamos poder llegar a destino si sabemos calcular. Vamos a ello.

¡Venga Sancho! ¡Yo creo en ti, sé que eres capaz! Te sabes la teoría de cabo a rabo, tú mismo dices que es infalible ¡pues no digamos más, haremos ese examen! ¡No seas cobarde!

¿Sí? ¡Pues adelante! No hay tiempo que perder, no hay demasiada gasolina. ¡Lo conseguiremos!

Estamos aquí ¿sabes por dónde empezar? Quizás si recordamos un poco… Este café le hace recordar a cualquiera. Pensemos.

Primero hemos de saber a qué altura hemos de estar ¿Dónde hacíamos eso? Dirígete a los cerros cercanos, allí encontraremos las famosas cuadrículas de puntos. No será problema el encontrarlas porque las hay por todas partes. Allí hay un cerro. Mira, cuadrículas; baja un poco hasta que las veamos con un tamaño apropiado para la vista.

Las tenemos. Si las vemos correctamente será el indicador de que estamos a una altura adecuada. Sigamos, aún quedan cosas por hacer.

Dirígete hacia el centro de la llanura, sé que por ahí está la figura del mono. Hacia allí es donde tenemos que dirigirnos, ¿que cómo lo sé? Tú mismo antes de perder la memoria me dijiste que, cuando lo supieras todo querías conocer un lugar emblemático no muy lejos de aquí, y que nos fuésemos por aquella salida. Esa es una de las principales de este gran valle, y tiene varios rumbos, (como habías comentado en tu estudio) hacia varias direcciones. Una de ellas es Pascua, la tan conocida

Rapa Nui. Sus Colosales Moais nos esperan, nos queda de paso en nuestro camino hasta Angkor.

Los colosales Moais de la Isla de Pascua.

¡Perfecto, ya la veo! Baja un poquito más. Ahí está una representación que se nos hace muy familiar. Si te fijas, es un dibujo que no te deja indiferente, increíble que encontrases aquí la ruta para Pascua, pero así es. Debemos hallar una flecha cerca. Tenemos que orientarnos. Iremos al centro de la llanura.

Aquí hay una recta bastante significativa ¿la ves? Es la línea norte sur ¡alinéate! ¡Sí, como has aprendido! ¡Estupendo lo tienes! Orientación 0, menos mal que traje unos utensilios sencillos pero prácticos.

¡Vamos a buscar la flecha! Ve otra vez hacia el símbolo. De acuerdo ¿la ves? ¡Esa pequeña! Eso desde aquí. La flecha mide unos 400 metros. Veo que es una flecha simple. Por su tamaño deduzco que la escala que usa es pequeña, 1/10.000. Ahora alinéate con ella, coge el rumbo adecuado, ve despacio desde luego llega hacia ella con una velocidad fija, no la varíes, así, a 200km/h. Sí, sí, lo estás consiguiendo ¡muy bien! Con este pequeño y sencillo aparato podré apreciar lo que mide con tan sólo pasar.

¡Lo estamos sacando! ¡Bien! Tenemos la distancia. Son 380 metros. Lo tenemos: 3.800 kilómetros ¡allá vamos Pascua! Tú, no modifiques el rumbo. 243 grados, de momento vas bien. Ahora nos adentraremos en el mayor de los océanos del planeta, no lo olvides.

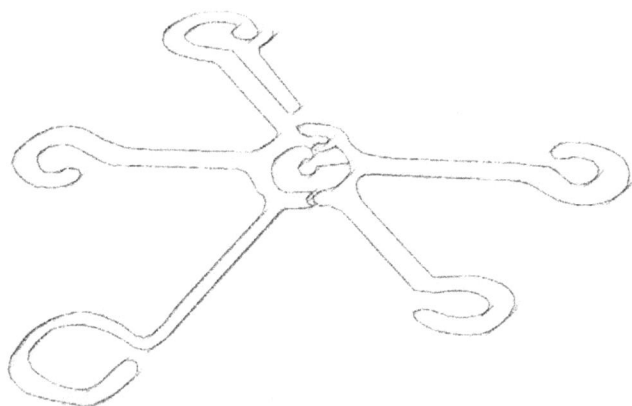

CAPITULO XX

EN LA RAMPA DE SALIDA

Bien mi querido y buen amigo, bien. Es momento de responder a tus preguntas las que ayer me formulabas, por ejemplo.

¿A dónde iremos? Pues a todas partes. Como te comenté visitaremos los más dispares sitios en busca de sus secretos, de los misterios que nos legaron nuestros ancestros.

Comenzaremos por aquí cerquita, por Pascua, como has querido, pero sabes que al final, el tiempo en este loco mundo, (el literario) da muchas vueltas.

No te diré el orden, eso lo veremos sobre la marcha, la marcha de una aventura que ya hemos vivido, que ya ha existido, que ya ha sido; esa es la gracia: no saber nunca cómo se van a desarrollar las cosas, porque para eso, mi querido amigo, para eso, nunca tendremos respuesta.

Te adelantaré, eso sí, un par de detalles, unas breves gotas de tinta que salpicaré sobre los avejentados folios que llevamos en los asientos del avión pero nada más. Mi querido Sancho, tendrás que verlo.

Angkor será otro emplazamiento importante, trascendente en muchos aspectos diría yo, tanto en construcción, como en otros aspectos menos físicos que sólo pueden ser emparentados con la mente o el espíritu.

Iremos a ver las pirámides de todo el mundo, un tema que siempre nos ha fascinado a los dos, lo sé. Recorreremos los más encantadores parajes persiguiendo a esas «moles del silencio».

Como te dije, iremos a Bosnia, a conocer esa civilización perdida que nos dejó aquella controversia en Visoko e iremos a conocer muchos otros secretos.

Iremos a China a ver sus grandiosas pirámides construidas por un misterioso pueblo que además de poseer un saber traído de las tierras del oeste, disponía de unos rasgos muy diferentes a los de los chinos, muy familiares a los que acabamos de conocer en Nazca.

Recorreremos varias islas del mundo, porque no podemos todas por supuesto, y hallaremos que tenían, sobre todo las que nos son más cercanas en Europa, unos habitantes que nos recuerdan no una, sino mil veces a los que ya hemos tratado, aquellos misteriosos blancos venidos del este.

Iremos a Mesoamérica y seremos partícipes del nacimiento, vida, muerte y desaparición de unas enigmáticas y poderosas culturas que un día creyeron ser los dueños del cielo y del infierno.

Visitaremos ruinas sumergidas, prueba inequívoca de la existencia de grandes imperios en tiempos remotos, más allá de la época en que la tierra fuera cubierta por las aguas del océano.

Como te comenté también visitaremos todas las inmensas figuras repartidas por el mundo y que sólo pueden ser vistas desde el aire.

Buscaremos esas figuras por todas partes, por África, en busca de uno de sus fabulosos boomerangs e iremos por Francia al encuentro de sus «luminosas estrellas». También pasaremos por las tierras del norte, localizando los caballos y hombres que miran al cielo en el Reino Unido y buscaremos serpientes gigantes en el norte de los Estados Unidos.

Nos trasladaremos a Australia, en donde conoceremos el otro Nazca y nos dedicaremos a estudiar sus complejas alineaciones.

Descubriremos las Esferas del cielo, veremos que no sólo las de Costa Rica son las únicas en el mundo, que las hay en los más apartados lugares de esta magnífica pero entrañable canica.

En definitiva, recorreremos medio mundo, no sólo en busca de esas señales sino de muchas más, ya que existen pruebas de involución que nos esperan en cualquier sitio allá al que vayamos, allá donde las alas de Deisy, nuestra pequeña, quiera llevar a estos dos pobres locos del aire, a estos dos «pilotos de la historia».

Continuará...

AGRADECIMIENTOS

En memoria de María Reiche, a la cual le delego todo el mérito al ser ella quien conservó gran parte de este maravilloso tablero al cual hoy podemos acceder, a Fernando Jiménez del Oso, quien con sus palabras guió a tantos en su búsqueda de la verdad y a Erich von Däniken, quien a pesar de sus controvertidas hipótesis llevó Nazca al mundo entero y como hemos podido comprobar, no iba tan desencaminado.

A los colaboradores del Proyecto Salvar Nazca, los cuales darán a la ciencia el mayor plano que existe.

Además, quiero agradecer el apoyo a las personas que siempre creyeron en mí, en especial a Cani por aguantar a un soñador.